潮滩极浅水时段水沙特征现场观测研究

张 茜 龚 政 张长宽◎著

U0395286

国家自然科学基金青年项目（51909073）
国家杰出青年科学基金项目（51925905）
国家自然科学基金面上项目（51879095）
国家自然科学基金重点国际合作与交流项目（51620105005）
河口海岸学国家重点实验室开放课题（SKLEC-KF201902）
河海大学中央高校基本科研业务费项目（B210202029）

河海大学出版社
HOHAI UNIVERSITY PRESS
·南京·

图书在版编目(CIP)数据

潮滩极浅水时段水沙特征现场观测研究 / 张茜，龚
政，张长宽著. — 南京：河海大学出版社，2020.12
ISBN 978-7-5630-6672-8

Ⅰ. ①潮… Ⅱ. ①张… ②龚… ③张… Ⅲ. ①潮滩－
浅水波－含沙水流－研究 Ⅳ. ①TV142

中国版本图书馆 CIP 数据核字(2020)第 263709 号

书　　名	潮滩极浅水时段水沙特征现场观测研究	
	CHAOTAN JIQIANSHUI SHIDUAN SHUISHA TEZHENG XIANCHANG GUANCE YANJIU	
书　　号	ISBN 978-7-5630-6672-8	
责任编辑	张心怡	
责任校对	卢蓓蓓	
封面设计	张世立	
出版发行	河海大学出版社	
地　　址	南京市西康路 1 号(邮编:210098)	
电　　话	(025)83737852(总编室)　(025)83786934(编辑室)	
	(025)83722833(营销部)	
经　　销	江苏省新华发行集团有限公司	
排　　版	南京布克文化发展有限公司	
印　　刷	广东虎彩云印刷有限公司	
开　　本	700 毫米×1000 毫米　1/16	
印　　张	7.25	
字　　数	127 千字	
版　　次	2020 年 12 月第 1 版	
印　　次	2020 年 12 月第 1 次印刷	
定　　价	46.00 元	

前　言

　　潮滩地处海陆相互作用的敏感地带,是海岸带的重要组成部分,一般由细颗粒泥沙(淤泥质黏土、粉砂、粉细砂等)组成,坡度平缓,宽度不一,在世界各地多种气候、水动力、泥沙供给条件下有广泛分布,如研究较多的中国东部沿海、英国西部及东南海岸、荷兰西海岸、美国西北海岸、法国西海岸等。潮滩生物种类丰富,是鸟类、鱼类、底栖动物等优良的栖息地,也是滩涂养殖和晒盐的良好场所。除此之外,位于海岸前缘的潮滩还是风暴期间重要的消能带。因此,潮滩在维持海岸生态系统健康、提高海岸软防护能力等方面有着十分可观的生态与经济效益。

　　潮间带潮滩(intertidal flats)是平均高潮位线和平均低潮位线之间的潮滩区域,滩面上发育着千姿百态的潮沟系统和沙纹等微地貌形态。受到周期性潮流、波浪等多种动力因素的综合塑造,潮滩上发生着不同时空尺度的水沙输运和地貌变化。

　　周期性的潮流运动令潮滩水深也随之呈现周期性的变化,滩面时而出露,时而淹没。"极浅水时段"(very shallow water periods)是指涨潮初期和落潮末期,潮间带潮滩频繁出现的水深 10 cm 量级(远小于正常发育的潮流边界层厚度)的特殊时期。近年来,国内外学者正逐步意识到极浅水时段动力地貌过程的重要性,认为该时段内的最大流速有时并不亚于涨落潮过程中的峰值,有显著的动力地貌效应,在数值模拟中应予以考虑。研究发现,这种极浅水时段、短历时的动力过程受底摩擦作用较大,强烈的水体紊动能起动滩面泥沙,"雕刻"微地貌形态。因此,极浅水时段是潮滩动力地貌过程研究中重要的一部分。

尽管极浅水时段的动力地貌过程正引起国内外学者的注意,但有关流速和含沙量突增现象的相关理论并不完善,观测资料也相对缺乏,对于解释它们发生机制的支撑还不够,对于极浅水边时段水沙运动与微地貌演变也缺乏定量研究。因此,潮滩极浅水时段水沙过程及其地貌效应的相关研究,对于加深潮滩动力地貌过程的认识、丰富海岸动力学和泥沙运动力学的内涵,具有重要的理论价值和学科意义。

本书以现场观测为主要研究手段,聚焦于极浅水时段近底边界层内的水沙过程,在江苏中部沿海潮间带下部光滩进行了多次近底边界层水-沙观测,获取了近底高精度、高分辨率的水沙过程数据,并结合实验室试验、数据分析研究了潮流和波浪影响下的极浅水时段水沙特征与水沙响应关系,从定量角度讨论了极浅水过程对输水输沙的贡献和对微地貌过程的影响。

本书共分为6章,第1章为绪论,主要介绍本书所依据的科学背景及研究意义、研究进展、主要内容;第2章主要介绍近底边界层水沙观测系统的建立与应用;第3章主要介绍潮流作用下极浅水时段水沙特征;第4章主要介绍波流共同作用下极浅水时段水沙特征;第5章主要介绍极浅水时段水沙现象时空变化特征;第6章主要介绍极浅水时段动力地貌效应。

本书参考和引用了大量国内外专家学者的有关研究成果,作者从中获得了很大的教益和启迪,在此一并表示感谢! 由于作者水平有限,书中难免存在一些缺点甚至错误,诚挚欢迎读者批评指正。作者特别感谢张东生教授、张君伦教授、周曾教授对本书稿提出的宝贵意见,并感谢陈欣迪、靳闯、赵堃、徐贝贝、王宁舸、耿亮、严佳伟、朱思谕、张岩松、刘炳锐等给予本书的大力支持。

作者

2020 年 7 月于南京

目 录

第1章

绪　论

1.1　研究背景及意义

海岸带地处海陆之交,凭借其自身丰富的自然资源和优越的地理位置成为国际竞争和开发的重要区域,也是海陆相互作用的前沿地带。自 20世纪 80 年代中后期开始,海岸带陆地海洋相互作用(LOICZ)一直被列为国际科学界实施的国际地圈生物圈计划(IGBP)和国际全球环境变化的人文因素计划(IHDP)的核心议题。

潮滩是海岸带的重要组成部分,一般发育在沿海平原外缘,物质组成上包括淤泥质黏土、粉砂、粉细砂等,在世界各地多种气候、水动力、泥沙供给条件下有广泛分布,如中国东部沿海[1, 2]、英国西部及东南海岸[3, 4]、荷兰西海岸[5]、美国西北海岸[6, 7]、法国西海岸[8, 9]等。淤泥质潮滩在提高海岸防护能力、增加潜在土地资源和保护生物多样性等方面发挥着重要的作用[10-12]。

我国拥有广阔的淤泥质潮滩资源,主要分布于渤海湾、莱州湾、江苏沿海以及黄河、长江、珠江等三角洲岸段。江苏沿海为全国淤泥质海岸分布最集中和滩面最宽阔的岸段,淤泥质海岸南北长达约 900 km,拥有滩地约5 000 km²,占全国淤泥质海岸总长的近 1/4[13,14]。江苏淤泥质潮滩具有坡度缓、滩面阔、水深浅、沙源丰富、潮沟发育的特点,且冲淤动态类型齐全、海岸生态类型多样,是全国乃至世界上最典型和最具代表性的淤泥质海岸分布区[15]。如此广阔的潮滩不仅是重要的湿地资源,也是重要的后备土地资源,对缓解日益增长的人口压力有重要意义。2009 年 6 月 10 日,国务院通过了《江苏沿海地区发展规划》,将江苏沿海地区发展上升为国家战略,把促进海域潮滩资源合理开发利用作为发展重点之一。该区域潮流、波浪、风暴潮等动力作用复杂,泥沙特性涵盖了由黏性沙到非黏性沙,盐沼滩与光滩并存。动力环境、地理因素的复杂性决定了潮滩开发利用和保护技术研究的挑战性,相关研究涉及"水动力学""泥沙运动学""海洋生态学""海岸工程学",以及新兴的"动力地貌学"等多学科方向。因此,潮滩水沙动力特征及演变机制的相关研究是海岸工程领域的重要内容,兼具现实意义与学科意义。

潮滩系统的演变是底床物质再悬浮、搬运、沉积的过程,该过程主要发生在海底边界层内[16-19]。边界层厚度通常与水流周期成正比,江苏沿海潮汐呈半日潮特性,潮滩上整个水层可视为底边界层[17, 20, 21]。当水深远小于正常边界层厚度时,将其定义为"极浅水"(very shallow water)。由于极浅水水深均在边界层范围内,因此将该水深环境称为"极浅水边界层"。周期性的出露和淹没使得滩面水深变化剧烈,也使得水深在 10 cm 量级的极浅水阶段频繁出现,此时薄层水流运动占主导,水流特性与深水条件时的相比差异很大,造成了涨潮初期和落潮后期一些特殊的水动力现象,如滩涌、"席状"水流、归槽水等[20]。此时,滩面水流底部切应力较大,输沙率较高。滩面上常见的浅水波痕、平床形态以及"沟中沟"等特殊微地貌现象,都是极浅水动力阶段的产物[20, 22]。极浅水边界层对于潮滩系统水沙输运和地貌塑造起着至关重要的作用,是地貌动力学研究中不可或缺的部分。

尽管极浅水边界层内的水沙运动正引起国内外学者的注意,但由于近底 10 cm 的水沙过程观测十分困难,研究缺乏更进一步系统性的现场资料支撑,也缺乏极浅水边界层内水沙运动与地貌演变的定量分析成果。因此,开展粉砂淤泥质潮滩极浅水边界层流速-含沙量现场观测,进行近底层流速的高精度、高分辨率测量,填补了近底边界层 10 cm 以内流速剖面资料的空缺,为探究潮滩微地貌的形成和演变机理奠定了基础。粉砂淤泥质潮滩极浅水时段水沙动力特征研究可以揭示多种动力条件下极浅水环境水沙特性,完善粉砂淤泥质极浅水边界层理论,对粉砂淤泥质潮滩系统水流特性和水沙交换机制具有重要学术价值,对丰富地貌动力学和海岸动力学的内涵具有重要学科意义,对于粉砂淤泥质潮滩的科学开发、利用和保护具有现实意义。

1.2　国内外研究进展

窄深的潮沟与宽浅的滩面是潮滩系统的两大重要地貌单元。国内外对于沙质海岸方面的研究起步相对较早,研究方法相对较为完善。但对于潮滩方面的研究,仅起始于 20 世纪 50 年代,研究主要集中在黏性沙和粉砂特性、潮滩水动力特征、物质沉积输运及演变概念模型等方面[4, 23-28],对潮滩物质输运、循环和归宿的过程和机制的了解还有待深入[29]。

根据研究对象空间尺度的不同,研究考虑的时间尺度也不同[30]。动力地貌相关研究涉及长周期的动力地貌演变,如大范围的冲淤变化、平衡剖面形态,以及海平面上升、人类活动等对动力地貌的影响等[49-52];中等时间尺度的水沙动力过程,如季节、大小潮周期时间尺度的潮滩动力地貌过程[35-39];以及短历时的动力地貌过程,如近底层水流结构、沙波沙纹的形成演变、滩槽水沙交换机制等。

本书聚焦于短历时的水动力-微地貌过程,从极浅水时段水沙动力特征、潮流和波浪作用下的边界层水沙特性、潮滩现场底切应力获取及地貌效应等方面对国内外研究进展进行回顾。

1.2.1　极浅水时段水沙动力特征

在周期性涨落的潮汐作用下,潮滩水深变化剧烈,滩面频繁地出露与淹没。在涨潮初期和落潮末期常常出现水深 10 cm 量级的极浅水阶段。此时的薄层水流动力特征与深水时的相比有很大不同:深水时,水流特征受到大范围潮汐动力控制[22];水深较小时,水流流速与垂向结构受到更多的局部地形影响,显现出一些特殊的水动力地貌现象,如涨潮初期的滩涌、流速和含沙量激增[20, 28, 40, 41],落潮后期的滩面归槽水、"席状"水流以及滩面出露后呈现出的"沟中沟"、浅水波痕[20]等(图 1.1),也是极浅水时段近底层水沙作用的产物。其中,极浅水时段流速突增的现象,以及伴随出现含沙量突增现象,得到了众多研究者的关注[28, 42-46]。

(a) 滩涌[20]　　　　　　　　　(b) "沟中沟"[20]

归槽水

"席状"水流

(c) 滩面"席状"水流及归槽水

图 1.1　潮滩极浅水时段水流、地貌现象

流速突增(velocity surge/pulse/spike)指的是短期内流速突然增大的现象,常伴随着悬沙浓度的同时突增。众多学者围绕这一现象,在潮滩环境下进行了观测与讨论[42-44, 47, 48]。Pestrong (1965)首次在潮沟中观测到流速突增现象,而 Bayliss-Smith (1979)首次将其作为一个特殊现象进行研究。但早期关于流速突增现象的现场观测主要在大潮或风暴期间的盐沼潮沟内开展[47, 49]。后来在正常天气下的观测表明,在高程较低的潮沟内,几乎每个潮周期内都有显著的流速突增现象发生[42, 48]。

连续性理论被普遍用来解释这一现象[42-44, 47, 50]。根据 Boon (1975)提出的理论[44]，假定潮沟内的流量与潮沟的形态和存储能力有一定的关系，同时部分取决于水位的上升率(假定水位上升率是独立量)，那么流量和水深的关系可以表达为：

$$Q_h = S_h \frac{\delta_h}{\delta_t} \tag{1.1}$$

式中：Q_h 是水深 h 时的过水流量；S_h 是水深 h 时的水表面积；$\frac{\delta_h}{\delta_t}$ 是水位上升率。

潮沟中沿水深平均的断面流速可以表达为：

$$u_h = \frac{S_h}{A_h} \frac{\delta_h}{\delta_t} \tag{1.2}$$

式中：A_h 为水深 h 时的过水断面面积；其余变量同前。

流速增加的历时取决于 S_h 和 A_h 的关系。从定性层面解释，当潮沟中水深逐渐变大时，水体表面积和过水断面面积均逐渐变大。当潮沟中水位与滩面齐平后，水流溢出潮沟。相比于潮沟，潮滩坡度极缓，纳水面积广阔，S_h 的增加比 A_h 更快，造成了流速的突增。因此，最大的流速发生在漫滩后潮滩上水深极浅的阶段。

Nowacki 和 Ogston[48]深化了这一理论，认为是连续性的持续作用造成了流速突增，而流速增加的程度取决于潮差大小。此外，床面形态(如较小的床面坡度和较低的高程)和潮沟与滩面间较大的水力梯度会使得流速突增现象加强[42]。

与潮滩-潮沟系统相比，关于潮滩滩面上的流速(含沙量)突增现象的研究较少。现有研究表明，后者通常在特定的极浅水阶段发生，此时水深远远小于充分发展的边界层厚度，流速或含沙量突增的量值也通常较小[20]。在涨潮初期，潮锋(潮滩刚被淹没时和潮滩出露之前)的到来往往伴随着较大的流速[40]。在浅水强流速的特定条件下，会发生滩涌，也就是前锋潮波破碎的现象[20]。Friedrichs[51]指出，受到连续性条件的约束，潮流流速与水位上升率成正比(式 1.1)，因此流速在潮锋附近最大；而在涨潮时，若有由强烈非线性摩擦导致的涌潮存在,流速峰值则会更大。

对于"潮滩滩面上流速突增现象是否普遍存在""存在于什么高程位置",各学者有不同的见解。Friedrichs 认为这种流速最大值出现在潮锋附近的现象通常发生在潮滩上部[51]。高抒则认为,流速突增,乃至滩面涌潮现象,是潮间带中部特有的水动力现象。因为这是强流速和极浅水相互配合的产物,而在潮间带下部,水浅时流速较小,流速变大时水深太大,无法产生这种流速增大的现象[20]。

由流速突增现象造成的泥沙输运及其对地貌演变的影响不容小觑。Nowacki 和 Ogston[48]在美国威拉帕湾南部潮滩-潮沟系统内开展的现场观测结果表明,占总观测时间 8% 的由流速突增引起的输水输沙量分别占沿潮沟方向总输水量的 27% 和悬沙输移量的 35%。在落潮末期,滩面上剩余的薄层水流向附近潮沟中汇集,归槽水流也常常伴随着流速突增。此时的峰值流速甚至与涨落潮过程中的最大流速相当,因此造成悬沙浓度同步剧烈增大,峰值有时能达到强浪期间的观测量值[28]。

在潮滩上,潮锋(或滩涌)作用的时间非常短,但强烈的水体紊动会引起泥沙的大量悬浮,也扰动了滩面上前个潮周期后落淤下来的泥沙,中断其固结过程,使其更容易被后继水流带起,使得涨潮水流能向潮滩上部输送更多的泥沙[40, 42]。除了上文所提及的涨潮前期的流速突增,一些学者也注意到,落潮后期的"席状"水流同样对泥沙输运有着不可忽视的作用。高抒[20]曾指出,这样的薄层水流在一个小时内可以将滩面上的小沙纹改造成平床。Shi 等[52]通过对比现场观测的连续潮周期内床面变形数据和不考虑极浅水时段的简单模型模拟的地形变化,发现水深小于 20 cm 的水流过程虽然只占总历时的 11% 左右,但能造成观测期间 35% 的底面变形,间接证明了极浅水时期显著的动力地貌效应。

现阶段对于潮滩上极浅水沙动力特征的研究仍然有很多局限,基本停留在定性层面,主要是由于此时水深太浅,现场观测十分困难。早期的海底边界层现场观测可追溯到 20 世纪中期[53]。此后,国内外很多学者对各种浅海环境下的潮流边界层流速剖面进行了观测,主要集中于底边界层内水动力过程和细颗粒泥沙运动过程,具体包括温、盐、密垂向结构,垂向水-

沙紊动结构,泥跃层和近底高含沙层的动力特征等[54-60]。早期的流速现场观测常采用机械式海流计[24, 61, 62],该仪器仅能测单层一维流速,也容易受到悬浮物的干扰,从而会降低测量精度,甚至停止工作;除此之外,由于在一条垂线上布置的机械式海流计有限,所以流速的垂向空间分辨率较低。近二十多年来,随着声学式流速仪等现代精细化观测仪器的问世,极大地提高了人们对底部边界层内水动力过程的观测能力。

国外学者分别于1981年春夏季和1990—1991年冬季开展了两次大规模边界层水流调查,观测海域分别位于美国北加利福尼亚海岸30 m和90 m水深处。尽管这两次调查极大地促进了边界层内水-沙输移理论研究,但是观测水域相对较深,与潮滩极浅水情况差异较大。有学者在相对较浅的水域进行了边界层观测,其中 Trowbridge 和 Agrawal[63] 在美国北卡罗来纳州的 Duck 近岸大约 6 m 水深处施放了一个底部边界层观测三角架,获得了距离床面 5～16 cm 的流速剖面资料,但垂向分辨率不高。Foster[64] 在美国北加利福利亚海岸采用 5 个热膜风速计测量了波浪边界层内距床面 1～5 cm 的流速剖面,但由于受到仪器的限制,垂向分辨率和测量精度均不高。随着观测技术的大幅提高以及人们对潮滩演变过程认识的深入,越来越多的研究在近岸浅水潮滩区域开展,已有不少学者观测到了近底 10 cm 量级较为精确的水动力泥沙过程。Williams[4] 在英国 Seven 河口槽脊间的潮滩上架设了自行设计的支架,采用两台 ADV,测量到距离滩面 13 cm 和 14 cm 处的高频流速。Fagherazzi[28] 在美国威拉帕湾潮沟底部放置了一台倒置的 ADCP,测量到距离底部 20 cm 以上的流速。由于是在潮沟内,因此当潮滩上水深很浅时,潮沟内水深仍然维持大于 20 cm 的状态,以此研究极浅水状态的水流特征。

国内学者主要在长江口、江苏沿海等地区进行了潮流边界层现场观测。一般采用声学式流速仪进行观测[58, 65-68],但与国外的观测存在的问题相似——对近底层精细流速结构观测无能为力。可以看出,这些研究所观测的范围距离底部还是较大的,即使较为贴近底层,在近底范围的垂向分辨率也不够,多为单点测量,不能满足对近底边界层内流速剖面结构的深入研究。

近年来,人们逐渐意识到了对潮滩动力过程开展深入研究的必要性,同时精细化量测技术在不断发展,已有不少学者开展了浅水区域的现场观测,并基于观测数据研究了近底 20 cm 左右的水动力泥沙过程[4, 22, 63, 69]。但由于现场条件十分恶劣,潮滩水流流速大,且伴随周期性涨落,为观测带来了巨大的挑战;再加上用于现场环境的流速仪通常有较大的盲区,无法获取近底层有效数据,因此关于极浅水(水深 10 cm 量级)条件下的水动力泥沙特征的直接研究较少。同时,前人在近底层获得的观测数据垂向分辨率无法满足对极浅水条件下流速或含沙量突增过程进行深入研究的要求,这也从一定程度上阻碍了理论研究的发展和数学模型的准确建立。

1.2.2 潮流与波浪作用下的潮滩边界层水沙特性

边界层是近底水层中明显受海底影响的区域,是水动力泥沙相互作用的主要场所。边界层内的摩擦作用强烈,流速梯度和底切应力较大,引起了海床和上覆水体间颗粒物质、化学物质和生物体的频繁交换,以及质量、动量和热量的强烈掺混。因此,边界层在水体的垂向混合、动能耗散、泥沙输运、微地貌演变等方面有着特殊的意义,也引起了人们广泛的关注和深入的研究。潮流和波浪是潮滩形态塑造及演变的主要动力因素[70],潮流及波流条件下的边界层结构及摩阻特性是研究的焦点和难点。

1.2.2.1 潮流边界层垂向流速结构及摩阻特性

针对垂向流速结构的研究是河口海岸动力学的基本课题之一,与其他动力过程,如水流湍动特性、物质扩散,尤其是沉积物输运有密切关系[71],而且边界层内垂向流速结构是进一步研究摩阻特性、悬沙剖面结构、水沙相互作用机制等的基础。许多学者对边界层内的垂向流速分布做了大量现场观测与理论研究,得到了不同形式的流速分布公式[16, 24, 72, 73],应用较多的有对数分布公式和指数分布公式。Karman-Prandtl 对数分布公式是最为经典的边界层内流速分布形式,它是 Prandtl 根据动量传递和混合长度理论提出的,即在清水、恒定流、平坦底床条件下,底部边界层内流速在垂向上呈对数分布:

$$u = \frac{u_*}{\kappa} \ln \frac{z}{z_0} \qquad (1.3)$$

$$u_* = \sqrt{\tau_0 / \rho} \qquad (1.4)$$

式中:u 是边界层内距离床底 z 处的流速;u_* 是摩阻流速;z_0 代表底部粗糙长度;κ 为 Karman 常数,一般取值为 0.4;τ_0 是床面处水流切应力;ρ 为水流密度。

对数分布公式被广泛应用在边界层流速结构的研究中,众多的现场观测证实了天然波流环境中对数流速剖面的存在[24, 53, 74]。但由于 Karman-Prandtl 公式是在清水、恒定流的条件下提出的,而实际海洋中的流体并非这种理想状态,大多数时候处在非恒定,高含沙、含盐状态,从而会造成流速分布偏离对数流速剖面[18, 22, 24, 72, 75, 76]。

边界层参数主要包括摩阻流速 u_* 和底部粗糙长度 z_0,它们是反映边界层摩阻特性的重要物理量。摩阻流速具有流速的量纲,且反映了边界处的切应力,所以称之为摩阻流速[77]。z_0 是通过 $u(z_0) = 0$ 定义的底部粗糙长度,由底质粒径、床面形阻和推移质产生的糙度之和组成,其中,底质粒径是粗糙长度中最小的一部分,床面形阻主要由沙纹、生物丘以及海底植被产生[78]。

经典的 Karman-Prandtl 公式可以用来计算摩阻流速和粗糙长度[22, 24, 76, 79]。基于实测数据,将 u-$\ln z$ 进行线性拟合,拟合直线的斜率表示 κ/u_* 的值,截距则给出了 z_0 的值。但使用这种方法求解边界层参数有两个必要条件:一是流速剖面必须为对数分布;二是必须有三层以上的实测流速数据[74, 78, 80]。Collins[81]提出,在采用 Karman-Prandtl 公式分析流速剖面时,仅通过 u-$\ln z$ 的线性拟合就断定流速剖面符合对数分布是不够的,还要满足参数内部一致性要求,并提出了内部一致需满足的四个条件。

由于天然水流可能偏离对数流速结构,所以采用传统公式计算的边界层参数并不能反映真实的底床摩阻特性。Dyer[79]认为,大部分的观测都没有获得近底 15 cm 以内的数据,实际的近底摩阻流速可能比采用上层流速剖面计算出来的要大得多。有学者对水流加减速、水体分层、波流相互作用、床面形态等不同因素影响下的流速剖面及边界层参数进行了深入研究[79, 82, 83]。

此外,摩阻流速还可以通过脉动相关法[4, 60]以及紊动动能法[66]计算。前者采用单点高频脉动流速直接计算,对实测数据有一定的要求,而现在的声学多普勒流速仪一般都可以测量到瞬时流速,采样频率可高达100 Hz[84];后者利用常应力层内湍动能耗散率的观测进行求解,但乔红杰[85]指出,确定紊动动能耗散率与测点位置的关系式比较复杂,因此在应用上存在不便。

对于粗糙长度的计算,You[78, 86]先后提出了两层位平均流速法和扩展的对数拟合法。前者在没有三层以上实测流速的情况下,在对数分布的假定条件下,采用两层位流速数据进行粗糙长度的计算;而后者是为了解决对数剖面法在计算中出现粗糙长度值脉动很大的现象,通过上、下层位间流速的线性拟合得到单一的粗糙长度值。柏秀芳[80]采用后一种方法对实测数据进行了处理,肯定了此方法在获取平稳粗糙长度上的优越性。

总体而言,关于潮流作用下边界层结构的研究相对较为成熟,但对于接近床面处的水流结构研究并不多见。多个学者都指出,进行近底边界层水流结构的观测,准确地确定边界层参数,探究边界层结构和水沙相互作用,对于完善边界层理论至关重要[72, 87]。

1.2.2.2 波浪作用对边界层水流及底部泥沙的影响

波浪作用下的边界层内水流结构及底切应力随时间和空间的变化对水体紊动掺混、泥沙悬浮输运、床面形态演变,以及一系列生物化学过程的研究具有重要意义[65, 82, 88-92]。

Grant(1979)指出,周期为 5～15 s 的波浪分别在水深 20～180 m 处就能受到底部的影响,并对近底区产生影响。Thompson[93]通过在英国北海的不同水深处进行的长达一年多的原位实验观测发现:在水深较浅处(<20 m),海底沉积物再悬浮主要受波浪作用控制;随着水深的增加,这种控制作用逐渐减小;当水深较大时(>80 m),波浪对海底沉积物的再悬浮作用几乎消失。因此,在浅水区域,波浪对海底沉积物再悬浮的影响比较大。经过研究发现,浅水区的波浪作用显著,波浪可直接作用于海底沉积物,使之再悬浮[57, 94, 95],水体悬沙浓度与波高呈现良好的相关性[94, 96, 97]。

当波浪传播到浅水区域的时候,它们与潮流等其他水动力的相互作用变得更加强烈[98],由波浪引起的底部流速与潮流相当,但底部切应力可能比潮致切应力大一个量级[99]。相同量级的潮流和波浪作用时,潮流可能无法起动床面泥沙,波浪却能掀起大量的泥沙。但从另一方面来说,波浪的作用更多在于掀沙,并不能带来有效的泥沙输运,此时若叠加潮流就能引起泥沙净输运。但这种"波浪掀沙,潮流输沙"模式只是一个简化的概念模型,当波流共同存在时,它们的相互作用是非线性的,不能将它们单独考虑后简单叠加。

众多研究围绕波流共同作用下的边界层特性展开,结合理论分析、物理模型、现场观测及数值模拟等多种手段[99-101],研究内容涉及边界层厚度[21, 82, 102]、表观粗糙长度[103-105]、摩阻流速或底切应力[98, 105-107]、涡黏系数及流速分布[21, 101, 108, 109]、泥沙运动特性[105, 110, 111]等。

相关研究表明,底部边界层厚度通常与水流周期成正比,对于一定的涡动黏性,周期为 12 h 的潮流边界层厚度约是周期为 10 s 的波浪边界层厚度的 66 倍[17, 21]。波流共同作用时,海底存在两种边界层尺度,小尺度的波浪边界层嵌套在大尺度的潮流边界层中。江苏沿海潮汐呈半日潮特性,潮滩上整个水层可被视为底边界层[17, 20],而周期为 3~5 s 的波浪边界层厚度通常只有几厘米[21]。在波浪边界层内,波流共同作用,在这之上就是单纯的潮流边界层[82]。

水流和波浪的相互作用对边界层过程有显著影响。Grant[99] 和 Fredsoe[112] 等认为受到波浪影响的流速剖面仍然是对数分布;但 Nielsen[21] 指出,线性函数能更好地描述波浪边界层内的流速剖面。李占海[76] 则认为,波浪是使得流速剖面偏离对数分布的主要因素之一,并且对较高层位的流速影响较大。流的存在会使波浪边界层的厚度增加[99, 113];而波浪会在床面附近产生高频振荡流,抑制了边界层的充分发展,使近底流速梯度变大,对床沙有明显的悬浮作用[21]。水流受到底部更大的阻力,从而引起表观粗糙长度和底切应力的增加[90, 98, 114]。汪亚平[105] 指出,波流共同作用下的表观粗糙长度远大于底床沉积物粒径量级,接近于沙纹高度,并认为波流联合作用产生的底切应力是导致紊动混合作用和再悬浮作用加剧的主要因素。

综上,关于边界层水动力对泥沙输运以及侵蚀沉积影响的研究主要还是集中于水流方面[29, 115-118],由于波浪、水流以及泥沙特性的联合观测非常困难,所以对于波流共同作用下的泥沙行为研究仍然较少[90, 119, 120]。此外,波浪传递到潮滩浅水环境中以后,水深成为导致波浪变形与制约波浪发展的主要因素,波高会受到水深的限制[121]。底部波浪轨迹速度与水深呈反比[122],而波浪导致的底切应力却与水深存在非单调关系[123]。当水深很小时,波浪的观测也十分困难,因此在这种情况下获取有效波浪数据进行波流作用的研究具有一定的挑战性。同时波高发育受到水深的限制,波浪存在破碎的问题,更增加了在极浅水时段对波浪作用开展研究的难度。

1.2.3　极浅水时段地貌效应研究

前面已提到,极浅水时期的水深较小,其水沙过程常常被数值模拟或现场观测所忽略,但诸多学者认为这个阶段的特殊水动力特性具有重要的水沙输运和地貌效应[20, 40, 52]。极浅水边界层尽管只占整个水层的一小部分,即使垂线平均流速很小,但也具有较强的物质输运能力;微地貌形态的改变还将对潮滩整体的摩阻特性和近底水流结构分布产生影响。

Whitehouse 等[25]指出,潮流与潮滩交界边缘的浅水过程十分重要,此时水深很小,床面形态的尺度相对而言较大,这个过程中的动力地貌效应值得探究。但是迄今为止,尚未见有关极浅水时段水沙关系和地貌效应的直接观测和定量研究成果,泥沙再悬浮过程和沙纹等微地貌的形成演变过程与极浅水边界层动力过程之间的关系还未得到深刻认识。Fagherazzi 和 Mariotti[28]只是通过观测的含沙量浓度和计算的水流切应力来推测水动力对微地貌有重要塑造作用。Shi 等[52]也并未直接测量到极浅水时段的水动力和微地貌过程,而是采用简单的理论模型模拟了水深大于 20 cm 的地形变化过程,并通过与实测地形变化的对比,间接说明了极浅水时段水动力对当地底形冲淤的重要性。

在动力地貌效应的研究中,确定泥沙起动的临界切应力十分关键[68, 124, 125]。底部切应力代表着水流与床面间的摩擦阻力,密切关联着泥沙的悬浮与沉降、滩面的冲刷与淤积,是联系水流运动与泥沙运动、地貌演变的一个重要参数。与沙质海岸泥沙研究相比,粉砂淤泥质潮滩上黏性泥沙的运动特性更加复杂,滩面沉积物的强度与泥沙组分、含水量、化学和生物等多种因素有关,为泥沙通量研究带来了许多困难[33, 65, 90, 92]。

传统的获取临界切应力的方式是从现场采集沙样,带回实验室测量[126],或者直接采用原位水槽试验进行测量[127-129]。也有研究者采用高频观测仪器[92, 130]来获取数据,或者根据泥沙的组分进行粗略估算[131-133]。但是这些方法会扰动原始沙样,或者对现场自然条件产生干扰,很难获取较为准确的冲刷或淤积切应力[68]。近年来,Shi 等[68]通过现场水动力观测计算实时水流切应力,并结合高精度的床面变形测量来确定现场临界冲刷和淤积切应力。但这种方法缺乏验证,其准确度也有待考证。因此,如何减小各种扰动因素以确定现场临界切应力成为了研究泥沙冲淤的关键和难点。

此外,获取天然床面形态数据也是地貌效应研究的必要条件。早期一般使用光学仪器(照相机摄影等),Christiansen 等[37]在欧洲瓦登海北部潮滩上采用数码相机获取了滩面微地貌每小时变化的照片,结合高度计测量的滩面高程变化,研究波流共同作用下的微地貌发育,但这种方法在水体浑浊时无法获取有效数据。近年来,高精度观测技术(例如光学扫描仪、声学多波束测量、微地貌仪等)发展迅速,能有效获取精度达厘米甚至毫米级的水下床面形态。Xie 等[134]采用地面三维激光扫描仪 TLS(Terrestrial Laser Scanner)在长江口崇明东滩获取了潮滩地形和植被数据,可以清晰显示出波纹的形状,能够辨别出波高和波长,但该系统的主体 Riegl VZ1000 地面三维激光扫描仪扫描时发射的激光是能被水吸收的近红外激光,因此该仪器只能在露滩时用于观测,无法监测极浅水时段短时间内连续的地形变化。另有学者采用三维成像声呐(3D 声呐),结合 ADV 和多频声学后散射系统(ABS),对江苏如东潮滩进行海底地貌与沉积动力学观测,研究了底床形态与流速的相关关系,但观测中采用的三脚架对近底水沙运动干扰较为严重。遗憾的是,以往采用的大部分微地貌观测方法(相机、声呐)在极浅水环境下由于水深太小、含沙量高而难以应用。

1.2.4 研究现状小结

根据以上国内外相关科学问题的研究进展回顾,可知粉砂淤泥质潮滩极浅水时段的水沙特性相关研究起步较迟,发展较慢。现阶段存在的主要不足之处如下。

(1) 对于极浅水时段水沙过程的研究尚不多见,对其重要性的认识不足。由于滩面上水深较浅,尤其在极浅水时段,水深只达到 10 cm 量级,在近底层开展高精度现场观测十分困难,所以目前很少有关于潮滩极浅水时段水沙特征的直接观测和深入研究报道。前人在近底层获得的观测数据垂向分辨率无法满足对极浅水条件下流速或含沙量突增过程进行深入研究的要求,对于其发生位置、形成机理的解释不够深入。

(2) 针对波流共同作用下的极浅水边界层内水沙特征开展的研究不够深入。潮滩浅水环境下的波流相互作用机制较为复杂,关于波浪对底部边界层结构的影响,相关研究尚不够统一与明确。尤其是在极浅水时段,波高发育受到水深的限制,波浪存在破碎的问题,波浪的观测十分困难。在这种情况下获取有效波浪数据进行波流作用的研究具有一定的挑战性。

(3) 极浅水时段的水沙响应机制研究与地貌演变研究以定性为主,成果不够丰富。以往普遍认为潮滩滩面极浅水过程中的水沙输运量很小,其动力地貌效应常常被现场观测和相关数值模拟所忽略。现有的研究虽已逐渐意识到该过程的重要性,但研究成果多为间接推测、定性描述,尚未见有关极浅水边界层地貌效应的直接观测和定量研究成果,对沙纹等微地貌的形成演变过程与极浅水边界层动力过程之间的关系还未形成深刻认识。

因此,本书基于粉砂淤泥质潮滩极浅水时段的特殊自然条件,创建了近底边界层高分辨率水沙观测技术、潮滩泥沙特性原位观测技术,从潮流作用及波流共同作用下的潮滩极浅水时段流速突增等特殊现象的存在性、空间差异性、形成机理等方面进行了研究,并定量评价了其输沙效应和地貌效应。

1.3 本书的主要内容

本书采用自行研制的"近底边界层水沙观测系统",结合实验室试验、理论分析等研究方法,围绕潮滩极浅水时段水沙动力特征及其动力地貌效,从近底层水-沙过程观测、潮流作用和波流共同作用下极浅水时段水沙动力特征、极浅水时段水沙特征空间变化及极浅水时段动力地貌效应等方面展开研究。

本书的主要研究内容如下。

(1)近底边界层水沙观测系统的建立与应用。主要介绍了本书的研究区域——江苏中部沿海粉砂淤泥质潮滩的基本情况,介绍了自主研发的"潮滩近底边界层水沙观测系统"及其在江苏中部沿海川东港南侧潮间带水域的应用。

(2)潮流及波流共同作用下的极浅水时段水沙特征。通过对典型潮周期水沙过程的分析,研究了此时近底边界层内流速剖面结构和边界层参数,重点针对极浅水时段出现的流速、含沙量突增现象展开了研究和讨论。

(3)极浅水时段流速和含沙量突增现象的空间变化及形成机理。通过潮滩剖面多点位的流速-含沙量同步联合观测,研究极浅水时段流速-含沙量突增现象的空间变化规律,并分析其影响因素。

(4)极浅水时段的动力地貌效应。探究潮周期时间尺度下的极浅水时段近底水沙响应关系,从定性、定量两个方面研究极浅水时期水动力过程对输水输沙及微地貌塑造演变的贡献。

第 2 章

近底边界层水沙观测系统的
建立与应用

近底层高分辨率的流速剖面观测是边界层研究及极浅水时段水动力过程研究的基础与核心技术。本课题组自主研发了"潮滩近底边界层水沙观测系统",搭载最新多普勒剖面流速仪、多个光学后散射浊度仪,以及波潮仪,分别于 2013 年 8 月、2015 年 12 月在江苏中部粉砂淤泥质潮间带潮滩开展了多次近底水沙动力观测。其中,在 2013 年 8 月首次进行了单个站位的观测,在 2015 年 12 月进行了多个站位的同步观测,以测量近底层水沙过程,并分析其随时间、空间的变化规律。

2.1 研究区概况

2.1.1 江苏沿海粉砂淤泥质潮滩概况

按物质组成,江苏海岸可分为以下三种类型:砂质海岸、基岩海岸和粉砂淤泥质海岸。砂质海岸分布于海州湾北部的绣针河口至兴庄河口,基岩港湾海岸则分布于连云港西墅至烧香河北口,粉砂淤泥质海岸是江苏海岸类型的主体,占全省海岸线的 90% 以上[136]。

江苏沿海中部弶港岸外分布着世界上唯一以海岸浅湾为顶点向海呈辐射状的潮流沙脊群(图 2.1)。受海平面变化和河流作用的共同影响,以及现代海岸波浪掀沙与强大的潮流动力作用,表现出以弶港为中心,呈褶

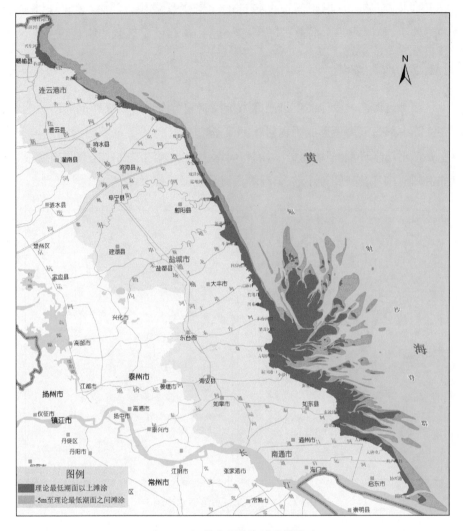

图 2.1　江苏省沿海潮滩资源分布

扇状辐射向海的巨大水下沙脊群。东西向宽度约 140 km，西北至东南方向约 200 km，向海延伸至 20～30 m 等深线，由 70 多条沙脊与潮流通道相间组成，整个沙脊群分布的海域是巨大的潜在土地资源。

　　自 19 世纪黄河北归渤海后，江苏北部海岸冲刷严重，但中部海岸受岸外辐射沙脊群的掩护继续淤长；随着北部海岸南下沙源的减少，尽管中部海岸潮上带（洪季平均高潮位以上）仍在淤长，但潮下带（洪季平均低潮位以下)冲刷明显。从射阳河口至弶港的潮滩淤长较快,西洋深槽位于中部潮滩外缘,与岸线基本平行,最大水深约 34 m,目前呈轻微冲刷趋势。

2.1.2　水文条件

江苏近海海域受东海前进潮波系统控制和黄海逆时针旋转潮波的影响,在江苏中部弶港海域形成了辐射状潮流场[137](图 2.2)。江苏沿海潮汐类型主要是正规半日潮,但浅海分潮显著,向岸边浅水区潮汐过程线有明显变形,如射阳河口、梁垛闸、新洋港、弶港等浅海分潮振幅较大,属非正规半日潮。

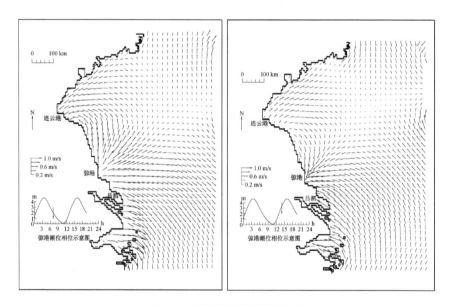

图 2.2　江苏近海涨落潮潮流场

江苏沿海潮差分布以新洋港为界,向北、向南潮差均逐渐增大,南部从长江口向北,潮差亦逐渐增大。弶港至北坎一带潮差最大,平均潮差在 4 m 以上,属强潮海岸,其两侧的潮差为 2~4 m,属中潮海岸[138]。江苏近海海洋动力环境相当复杂,地区性差异十分明显。北部海域主要受逆时针旋转潮波控制,潮流流速相对较小,垂线平均流速在 0.5 m/s 左右;废黄河三角洲海域,浮子口至射阳河口,潮流动力较强,垂线平均流速可达 1 m/s;射阳河口以南至蒿枝港海域为辐射沙脊群海域,移动性驻潮波,以弶港为顶点,辐聚辐散,形成了平原海岸两碰水强潮奇观,潮差大、潮流急,垂线平均流速可达 3 m/s 以上,潮流场基本以以弶港为中心的各条潮汐通道内辐聚辐散的往复流为主;南部长江口海域海洋动力相对不强,近岸海域为往复流,但受长江径流影响明显[136]。

除潮流作用以外,波浪作为江苏沿海区域内的主要海岸动力之一,在塑造江苏海域特有的辐射沙脊地形过程中起着至关重要的作用。江苏海区全年盛行偏北向浪,海域的波型以混合浪为主,波高和波周期分布季节特征明显[139]。就江苏近岸海域而言,依据江苏"908"专项调查成果,春、夏、秋、冬四季的水文气象要素大面观测结果显示,平均有效波高秋季最大,其次为春季和夏季。由于在春季大范围的天气系统活动过程较少,波高比较小,在观测期间除了海洲湾附近海域的有效波高曾达 1.5 m 外,其他大部分地区的有效波高均小于 1.0 m,从川东港口到废黄河口海域的有效波高普遍小于 0.5 m。夏、秋两季的有效波高均为近岸海域较小,离岸则逐渐增大,其中如东到川东港外海域为有效波高最大的海区,最大值在秋季可达 2.9 m,其他海区的有效波高普遍低于 1.0 m。冬季的有效波高分布由北向南逐渐增大,大部分海域的有效波高小于 1.0 m,但如东及川东港口附近离岸海域的波浪较大,有效波高大于 1.0 m,向岸方向波高显著降低,这可能源于波浪在浅水区因摩擦效应导致的能量损耗。

2.1.3 观测区域

本书研究区域位于江苏中部沿海大丰市川东港潮滩(图 2.3a),其具有坡度缓、滩面阔、水深浅、沙源丰富、潮沟发育等特点。潮滩平均宽度为 2~6 km,坡度为 0.01%~0.03%。潮滩沉积物以粉砂为主,其中又以中粉砂占优势。根据潮位、滩面高程、滩面组成物质和植物组成群落的差异,以及滩面沉积物显示出的明显分带性,潮滩自岸向海可划分为米草滩、泥滩、砂-泥混合滩和粉砂细砂滩[140]。潮滩潮间上带高程较高,米草生长茂盛,只有在大潮高潮位期间才会被短时间淹没,长时间处于露滩状态。潮间带中部及潮间下带为光滩。潮间带上部是整个潮滩上泥沙粒径最细的泥滩,底质主要由黏土和粉砂组成,偶尔会因为风暴等极端气候的出现而沉积较粗的泥沙;小潮高水位和平均海平面高程之间是泥沙混合滩,在大潮和小潮期间,表层沉积物在细沙和淤泥之间转换;位于潮间带下部和潮下带的潮滩,则为粉砂细沙滩,平均粒径在 0.06~0.12 mm 之间[141]。

近岸潮汐受到地形影响,为不规则半日潮,平均潮差 3.68 m。潮波沿西洋深槽自 NW 向 SE 方向传播,近岸潮流为与岸平行的往复流,潮间带最大流速为 0.5~1.0 m/s,涨潮优势流特性显著,涨潮前期潮位上升较快,平均涨落潮历时之比约为 0.73。涨潮流速一般大于落潮流速,两者之比约为 1.4[1]。

受到岸外沙脊群掩护,研究区域的波浪作用较弱,全年平均风速 4~5 m/s,冬季有效波高小于 1 m,其他季节的小于 0.5 m。江苏沿岸为风暴潮多发地区,风暴潮一般发生在 7—9 月。

课题组于 2012 年在川东港南侧的潮滩上选取了一个观测剖面,自岸向海设置了 S1~S9 作为长期滩面高程观测站(图 2.3b—c),其中,S1、S2 位于潮间带上部,S3、S4 分别位于夏季和冬季平均高潮位附近,S5 位于米草滩向光滩的过渡区域(2013 年为光滩,后因植被扩张逐渐被米草覆盖),S6 位于潮间带中部区域,S7、S8 均位于平均低潮位附近,S9 位于潮间下

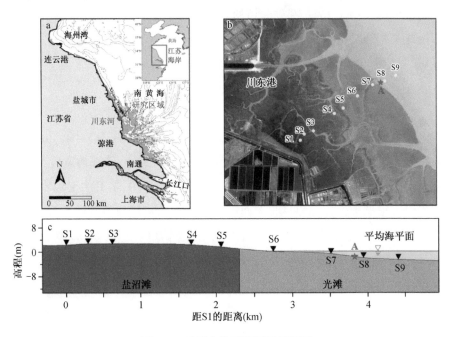

图 2.3　观测点位平面图及剖面图

带，滩面高程在平均低潮线以下[1, 142]。

2.2 潮滩近底边界层水沙观测系统与观测方法

前文(1.2.1节)已经提到，近底边界层的现场观测是极浅水时段水沙特征研究的技术瓶颈。与实验室试验相比，野外自然条件恶劣，不确定因素很多，水流急，紊动大，近底层水体含沙量较高，可能含有杂质(如生物、木棍、塑料制品等)，用于现场观测的声学多普勒流速仪通常设计得比较结实。另外由于原型观测尺度较大，观测仪器盲区较大，分辨率不够精细，因此无法获取本研究所需要的具有高分辨率的近底流速剖面数据；而用于实验室的流速仪比较脆弱，一般不适于高含沙量、大流速的现场环境，且存在供电、数据传输等问题。因此，近底边界层流速剖面(尤其是近底10 cm以内)的获取一直是现场观测中的难点，在一定程度上阻碍了潮滩地貌动力学的发展。

本书中的"潮滩近底边界层水沙观测方法及系统"(国家发明专利号ZL201410029922.5)，引进了国外先进的流速、潮位、波浪、浊度监测装置，解决了供电、安全等多方面困难，实现近底边界层流速、含沙量剖面的全自动、高精度、高分辨率观测；对潮位和波浪数据实现自记。观测系统采用组装式支架结构，可根据潮滩最大水深选配杆件，在潮滩低潮出露时段进行快速安装，携带方便，智能化程度高，可应用于潮滩近底边界层的水动力泥沙现场观测。

2013年8月8日至8月10日夏季大潮期间，首次将设计的观测系统应用于江苏粉砂淤泥质潮滩。观测历时3个潮周期。基于课题组前期研究滩面高程变化规律布置的9个点位，选择潮间带光滩S7、S8号点位之间的A点处(图2.3b中红色五角星所示位置)布置单个垂线进行水沙观测。此处潮滩为粉砂滩，表层泥沙中值粒径为79 μm，无植被覆盖，滩面宽阔而平坦。观测期间天气晴朗，最大风速6 m/s，有效波高小于0.25 m。

2.2.1 观测支架及观测仪器

"潮滩近底边界层水沙观测系统"由组装支架搭载以下仪器以及组件

构成:"小威龙"剖面流速仪(Nortek Vectrino Profiler)、600 kHz RiverRay ADCP(劳雷工业公司生产)、光学后向散射浊度仪(Optical Back Scatter, 简称 OBS。其中,OBS-5⁺ 和 OBS-3A 由 D&A Instruments 公司生产, OBS-3⁺ 由 Campbell Scientific 公司生产)、波潮仪(Tide and Wave Recorder-2050,简称 TWR-2050,RBR 公司生产)、数据采集传输装置、电源。仪器支架设计的正视图、俯视图及细节图如图 2.4 所示。仪器支架及装置现场安装见图 2.5,其中"小威龙"及 ADCP 的安装图见图 2.5—c。

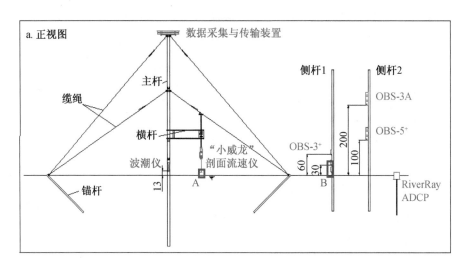

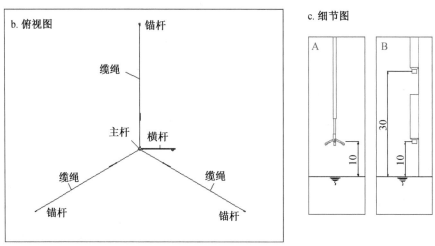

图 2.4 潮滩近底边界层水沙观测系统设计图(单位:cm)

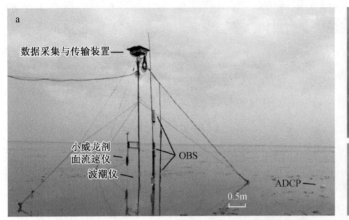
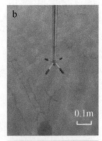

图 2.5 观测装置现场安装图

仪器支架主要包括主杆和两根侧杆。主杆打入土体的深度根据观测区域水动力条件和底质情况确定。经多次讨论与试验,确定主杆打入滩面 1 m 深。主杆顶部安装数据采集盒,用于仪器的供电和数据采集发送。由于观测区域最大水深不足 3 m,为保证供电和数据采集发射系统的安全,数据采集盒高于滩面约 4 m,于平均高潮位(1985 高程基准面约 2 m)时保证露出水面。主杆采用互成 120°角的三根缆绳固定于滩面。

"小威龙"剖面流速仪用于极近底水层高精度高分辨率流速测量。这本是一台为实验室精细水流结构测量设计的声学多普勒剖面流速仪,采样体为距离换能器 4~7 cm、直径 6 mm 的圆柱体,所测3~3.5 cm 范围的流速剖面垂向空间分辨率可达 1 mm(图 2.6),最高采样频率为 100 Hz,还能够以 10 Hz 的频率记录探头距离底部的距离。其小尺度探头以及遥测功能大大降低了探头对所测点位水流的扰动,非常适用于极浅水边界层内水流结构的研究。但应用于现场时,面临了较多的问题。首先,是"小威龙"的供电问题。"小威龙"不具有现场观测仪器的自容性,且该仪器由于采样频率和观测精度很高,故数据传输量相当大,目前不能做到无线传输,需要外接电源和电脑才能正常工作。权衡以后,决定采用有线传输方式,从附近(约 70 m 远)抛锚的船上为"小威龙"供电,同时连接电脑进行数据实时传输。其次,"小威龙"在江苏沿海粉砂淤泥质潮滩高含沙量、大流速环境下的安全问题也是值得担忧的。为此,课题组专门为"小威龙"设计了支架和卡锁,并且在现场安装时采用多条拉索固定,以确保安全,也可最大程度地减少因水体紊动而造成的探头颤动。

"小威龙"安装在距离滩面高约 1.2 m 的横杆上(图 2.4a、图 2.5a)。横杆固定在主杆上,长 1 m,朝向主杆西侧,以最大程度地降低杆件对流场的影响。安装好的"小威龙"剖面流速仪探头距底约 10 cm(图 2.4c A,图 2.5b),可测量距底 3 cm(为底床冲淤留有空间)至 6 cm 水层的三维流速结构,并实时提供滩面冲淤变形过程。流速采样频率设定为 25 Hz。

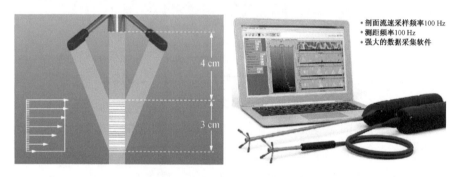

图 2.6 "小威龙"剖面流速仪

为将测量的流速范围扩展至全水深,采用劳雷公司的 RiverRay ADCP 测量全潮过程整个水体流速剖面(除底部盲区范围),与"小威龙"剖面流速仪结合使用,可将所测流速剖面扩展至全水深。RiverRay ADCP 采用相控阵式换能器,与传统仪器相比,有效减少了仪器对流场的干扰,盲区范围也有所缩小。仪器换能器朝上,埋设在主杆东侧约 5 m 远处,换能器表面高出滩面 7 cm,可测量探头以上 25 cm 至水表的剖面流速,仪器根据水深自动设置分层单元,水深较小时分层单元较薄,水深变大后分层变厚,最小分辨率为 10 cm。对"小威龙"剖面流速仪及 ADCP 获取的高频流速数据,采用每分钟平均的流速值进行分析。

含沙量观测采用一组光学后向散射浊度仪(OBS),分层布置于主杆东侧不远处的两根侧杆上,近底加密布设,OBS 探头距底距离分别为 10 cm、30 cm、60 cm、100 cm 和 200 cm。潮位观测采用 TWR-2050 波潮仪,连续记录 3 个潮周期的潮位和波浪数据。波浪采样间隔为 10 min,潮位采样间隔为 5 min。

各仪器信息及参数详见表 2.1。

表 2.1　2013 年 8 月现场观测仪器安装高度、测量流速剖面分辨率及盲区

仪器	观测内容	安装高度（m）	分辨率［盲区］（cm）
"小威龙"剖面流速仪	近底流速剖面	0.1	0.1［4］
RiverRay ADCP	分层流速剖面	0.07(坐底朝上)	10＋＊［25］
OBS-3$^+$ OBS-3A OBS-5$^+$	含沙量 含沙量 含沙量	0.1, 0.3, 0.6 1 2	— — —
TWR-2050	波浪和水深	0.1	—

注（＊）：ADCP 的分辨率为仪器根据水深自动设置，最小分辨率为 10 cm。

2.2.2　水样采集与浊度标定

OBS 是一种光学测量仪器，它通过接受水体红外辐射光的后向散射量监测悬浮物质，所以它直接记录的物理量是水体悬浮颗粒浊度值。因此，需要通过现场同步采集的悬沙水样建立浊度与悬沙浓度的相关关系，从而得到水体悬沙浓度值[143, 144]。

现场观测采用的 OBS 有三种型号，分别是 OBS-3$^+$，OBS-3A 和 OBS-5$^+$（图 2.7）。其中，OBS-3$^+$ 的光学传感器在探头的侧面，需要连接电脑和电源以进行正常工作；OBS-3A 和 OBS-5$^+$ 均为自容式的浊度仪，前者为侧向探头，后者探头测量 45°。三种 OBS 浊度仪所能测量的含沙量范围各不相同，具体参数见表 2.2。

表 2.2　各种型号的 OBS 测量参数

OBS 型号	探头 朝向	可测最大含沙量(g/L)		测量精度（mg/L）	
		泥	沙	泥	沙
OBS-3$^+$	侧向	5～10	50～100	max(±2％, 1)	max(±4％, 10)
OBS-3A	侧向	5	50	max(±1％, 1)	max(±1％, 500)
OBS-5$^+$	侧下	50	200	2％	4％

注：表中泥的中值粒径为 20 μm，沙的中值粒径为 250 μm。

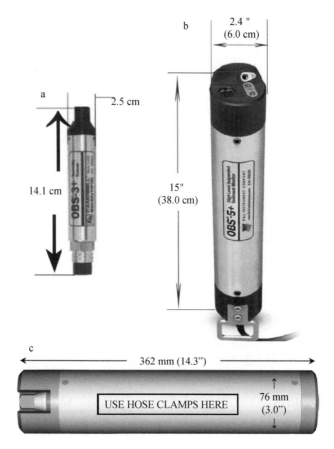

图 2.7 观测中采用的各种型号的 OBS

影响 OBS 测量结果的因素主要有光的波长、泥沙粒径大小及颗粒的折光系数[143]等,因此在不同的地点、不同的时刻由 OBS 记录的浊度值与含沙量的对应关系可能不同。最佳的率定方法是在 OBS 的观测过程中采集 OBS 安放位置、深度处的水样进行后续的实验室标定。但是由于受到现场观测条件的限制,在 OBS 的测量过程中同步采集水样非常困难,故选择在正式测量前及测量后单独对 OBS 进行标定。现场(距测量点位约 60 m 处,图 2.8)选取涨落潮悬沙浓度有明显变化的时刻取表层水样 500 ml,同时将 5 台 OBS 绑扎在一起并放置在水体表层同一深度(入水约 20 cm)测量水体浊度值(图 2.9),共取得 7 组水样。

在实验室中将采集的悬沙水样用 0.22 μm 滤膜过滤,分离出悬沙,并用

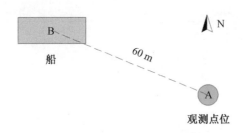

图 2.8　OBS 标定地点示意图

图 2.9　现场 OBS 标定

蒸馏水漂洗，烘干后再称重。悬沙浓度的计算采用烘干后滤膜上沉淀物的总质量除以被滤去的水体积。将得到的每一组悬沙浓度值与现场对应时间内记录的 OBS 浊度值进行相关分析，得到 OBS 的标定曲线。

标定结果见图 2.10，在现场含沙量范围内，浊度与含沙量呈线性相关，且相关系数很高。三台 OBS-3+ 和 OBS-3A 的相关系数均在在 0.99 以上，OBS-5+ 的相关系数也达到 0.94 以上。

2.3　潮滩近底层水沙多点位同步观测

潮滩坡度缓、宽度大，自陆向海逐步从米草滩向光滩过渡，泥沙颗粒逐步粗化，并常伴有潮沟系统发育。潮滩不同高程处的植被覆盖情况、坡度、水深各不相同，水动力条件和微地貌形态也有明显区别。为研究潮间带不

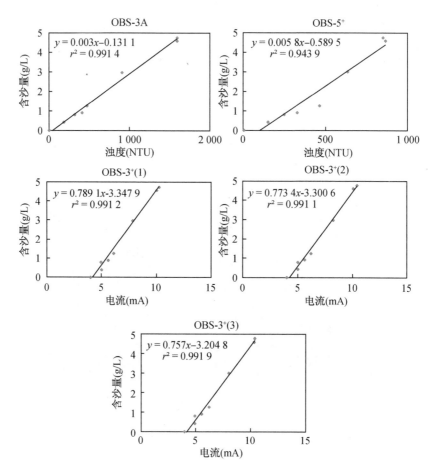

图 2.10　OBS 标定曲线

同区域极浅水时段流速-含沙量突增现象的特征,以及水沙响应关系的空间变化规律,分析潮滩坡度、流速、波浪等因素对极浅水过程以及边界层特征的影响,在已建的江苏中部沿海潮滩观测横剖面上,选取潮间带典型位置设置垂线,进行多点位流速-含沙量同步联合观测。

多点位同步观测是研究水沙特征空间变化的有效手段,曾被应用于对潮沟和邻近的潮滩水沙交换机制、盐沼植被对水动力的衰减作用等的研究中[7, 145, 146]。多点位同步观测在观测仪器、观测系统同步安装及人员配合上的要求相较于单点观测高很多,多采用自容式仪器与简单支架,且点位之间空间距离较小,以便控制。但本研究由于"小威龙"的特殊性,不能采用自容式观测,且测点之间距离较远,观测难度十分大。

多点位同步观测选择在 2015 年冬季,具体的观测时间以及布置的点位坐标见图 2.11 及表 2.3。

在图 2.11 中,S1—SM89 为课题组建立的长期滩面高程观测站。选择 S5、S6 和 S7 进行水沙动力同步观测。S5 号点位于米草滩与光滩交界处,大米草向海呈蔓延趋势,桩位周围密布 2 m 高的大米草;S6 号点和 S7 号点均位于光滩处,滩面沙纹密布,其中 S6 号点是剖面的凹点,S7 号点是剖面的下凸点。

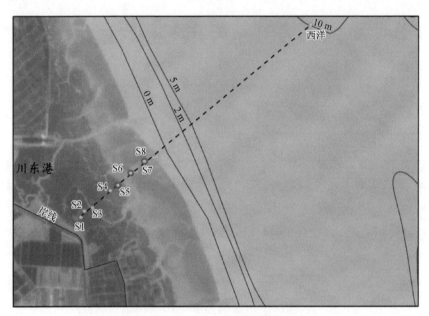

图 2.11 同步观测点位布置平面图

表 2.3 多点联合观测时间及观测点位坐标

观测点位	S5	S6	S7
桩位	33°02.48′N, 120°53.67′E	33°02.76′N, 120°54.00′E	33°03.02′N, 120°54.36′E
2015.12.23—25	33°02.482′N, 120°53.667′E	33°02.744′N, 120°53.990′E	33°03.035′N, 120°54.393′E

注:桩位为长期观测站的坐标信息,观测位置选取以此为参照,但现场停船位置及观测方位的选择会令实际观测位置略有偏差。

2.3.1 多点同步观测布置

2015 年 12 月 23 日—26 日，实施了冬季同步观测。观测内容包括水深、波浪、流速剖面、含沙量、悬沙及底沙颗粒级配，底部泥沙临界起动切应力，采用的观测仪器及方法见表 2.4。

表 2.4 2015 年 12 月多点水沙同步观测内容及观测方法

观测内容	观测仪器或方法
水深	波潮仪
波浪	波潮仪、"阔龙"
流速剖面	"小威龙"、ADV、ADCP 或"阔龙"
分层悬沙浓度	OBS 及分层水样
悬沙及底沙颗粒级配	取水样及沙样
底部泥沙临界起动切应力	实验室试验

此次观测仍然采用自行研制的"潮滩近底边界层水沙观测系统"，搭载水深、流速、浊度仪进行观测。但针对不同点位的水深、地貌情况，对支架进行了改进，选择了合适的观测仪器，因地制宜定制观测系统。

(1) S5 号点观测支架及仪器布置

S5 号点位于光滩和植被的交界地带，周围米草约 2 m 高，观测期间最大水深不足 80 cm。近底分层流速的观测采用三台单点 ADV，分别安装在距底 10 cm、20 cm、40 cm 的高度，采样点距离换能器约 5 cm，即观测到的流速分别距底 5 cm、15 cm、35 cm。"阔龙"是一种声学多普勒流速剖面仪，其 1 MHz 的 HR 模式最小盲区为 20 cm，分层厚度为 2 cm。倒置埋放在土体中，使其换能器探头与滩面几乎齐平，用于观测 20 cm 以上的全剖面流速。含沙量观测采用 OBS 传感器，高度与 ADV 的采样点对应，分别为 5 cm、15 cm、35 cm。仪器型号及其安装信息详见表 2.5，支架设计见图 2.12，图 2.13 是现场安装图。由于 S5 号点周围都是一人多高的护花米草，仪器支架的安装不可避免地会对周围的植被及地表产生破坏，但观测时已经尽最大的努力保护现场原样,使得水动力条件受到的影响最小。

表 2.5　2015 年 12 月多点水沙同步观测 S5 号点使用仪器及安装高度

仪器	型号规格	安置高度, 床面以上(cm)	分辨率[盲区] (cm)	采样频率(Hz)/ 输出间隔(s)
ADV	Sontek-Micro ADV	10, 20, 40	—[5]	10 Hz
"阔龙"	HR 1 MHz	座底朝上	2[20]	1 Hz
浊度传感器	OBS-3[+]	5, 15, 35	—	10 s
潮位计	RBRsolo D	0	—	60 s

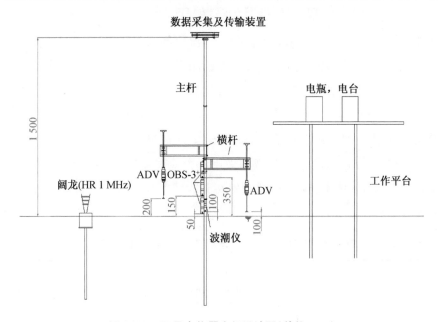

图 2.12　S5 号点仪器支架设计图(单位:mm)

(2) S6 号点观测支架及仪器布置

S6 号点位于潮间带中部光滩,点位周围无植被覆盖,滩面遍布长 10 cm 左右、高 1 cm 左右的小沙纹,如图 2.15c。观测期间,S6 号点最大水深不足 2 m。观测点位附近有一条潮沟,支架安装位置靠近潮沟的缓坡侧,水流方向在一定程度上受到潮沟中涨落潮水流的影响。但由于缓坡坡度极小,且 S6 号点高程已接近附近滩面高程,S6 号点并未出现显著的潮沟-

图 2.13　S5 号点仪器支架现场安装图

潮滩系统水动力突变现象,近底高分辨率流速剖面观测采用"小威龙"剖面流速仪,初始状态换能器距底 7 cm,观测剖面范围距底 0～3 cm。全水深流速剖面采用三体船搭载微型 ADCP。微型 ADCP 盲区为 10 cm,分辨率为 10 cm。船体在滩面上单点系锚,锚绳半径 3 m,浮于水面随潮汐一起涨落。分层含沙量观测采用五台自容式 OBS,安装高度为 5 cm、25 cm、60 cm、1.2 m 和 2.5 m。水深和波浪观测采用压力式波潮仪,水深和波浪采样间隔均为 5 min。具体的仪器安排及安装高度见表 2.6,支架设计见图 2.14,现场安装见图 2.15。

表 2.6　2015 年 12 月多点水沙同步观测 S6 号点使用仪器及安装高度

仪器	型号、规格	安置高度,床面以上(cm)	分辨率[盲区](cm)	采样频率(Hz)/输出间隔(min)
"小威龙"	剖面流速仪	7	0.1[4]	25 Hz
ADCP	2 400 kHz 微型	小船,浮于水面	16[31]	1 Hz
浊度仪	OBS-5+	25	—	1 min
	OBS-3A	5, 60, 120, 250	—	1 min
波潮仪	T. wave-1	5	—	5 min

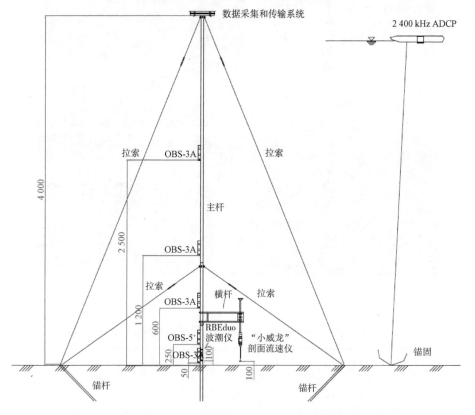

图 2.14 S6 号点仪器支架设计图(单位:mm)

(3) S7 号点观测支架及仪器布置

S7 号点位于潮间带下部光滩,点位附近 50 m 内无大潮沟,滩面无植被覆盖,遍布沙纹。与 S6 号点相比,沙纹更加平坦,不对称性更加明显(图 2.17d、图 2.15c)。观测期间最大水深不足 3 m,因此支架高度设计为4 m。近底流速观测与 S6 号点一样,采用"小威龙"剖面流速仪,初始安装高度距底 10 cm,获取的流速剖面距滩面 2.5~6 cm,分辨率为 1 mm,连续采样,采样频率为 25 Hz。全水深流速剖面观测采用座底朝上的 2 MHz"阔龙",换能器与滩面齐平。该型号"阔龙"在 HR 模式下设置盲区 20 cm,分层厚度 2 cm,采样频率 1 Hz,每分钟一个输出值。波潮仪水深采样间隔为 5 min,波浪采样间隔为 30 min。

图 2.15　S6 号点仪器支架现场安装图

表 2.7　2015 年 12 月多点水沙同步观测 S7 号点使用仪器及安装位置

仪器	型号、规格	安置高度，床面以上(cm)	分辨率[盲区](cm)	采样频率(Hz)/输出间隔(min)
"小威龙"	剖面流速仪	10	0.1[4]	25 Hz
"阔龙"	2 MHz	座底朝上,0	2[20]	1 Hz/1 min
浊度仪	OBS-5+	25	—	1 min
	OBS-3A	5，60，120，250	—	1 min
波潮仪	TWR-2050 HT	5	—	5 Hz/30 min

2.3.2　水样与泥样采集

2015 年多点水沙同步联合观测的水样采集和 OBS 标定过程与 2013 年 8 月的一致,每个点位单独在各自的观测位置附近进行标定,方法详见 2.2.2 节,此处不再赘述。

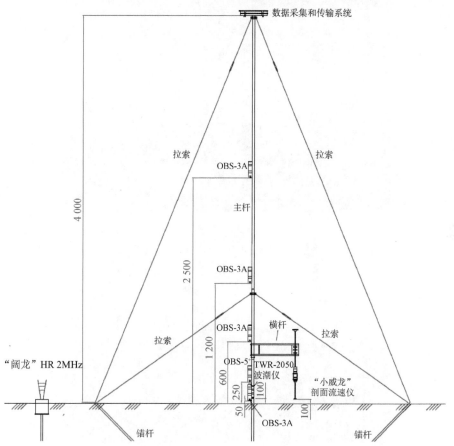

图 2.16　S7 号点仪器支架设计图(单位:mm)

　　除观测前、后采集水样进行 OBS 标定外,在观测过程中,于潮流特征时刻(涨潮初期、涨急、涨憩、落急、落潮后期)采集了水体表层、中层、底层的水样,用于实验室悬沙级配分析。并于两个潮周期之间的露滩时刻,在观测点位附近用刮刀采集表层土样,用于底质级配分析。

　　此外,在三个点位都采集了一定量的滩面泥沙(每个点一麻袋的量),用于环形水槽泥沙临界起动切应力实验(切应力测定方法见第 6.1 节)。

图 2.17　S7 号点仪器支架现场观测图

2.4　本章小结

　　本章针对粉砂淤泥质潮滩的特点,创建了"潮滩近底边界层水沙观测系统",搭载先进的流速、潮位、波浪、浊度监测装置,解决了供电、安全等多方面困难,实现了近底边界层流速、含沙量剖面的高精度、高分辨率观测。

　　2013 年 8 月和 2015 年 12 月在江苏中部沿海潮间带区域多次应用该观测系统,成功获取了高质量的水深、近底流速、分层含沙量的数据。

第3章

潮流作用下极浅水时段水沙特征

　　潮流是江苏粉砂淤泥质潮滩的主要塑造动力之一。江苏中部海岸观测区域附近平均潮差在 3 m 以上,夏季大潮期间涨潮最大流速可超过 1 m/s。周期性涨落的潮汐使得潮滩频繁淹没与出露,在涨潮前期和落潮末期出现水深 10 cm 量级的极浅水时段。此时的水动力特征与深水时不同,水流受到底部摩擦力作用较大,且全部处于潮流边界层以内,水沙交换活动剧烈。众多学者的相关研究表明,这个阶段虽然水深较小,但能造成有效的水沙输运,对微地貌过程有着不容忽视的作用[20, 28, 52]。虽然极浅水时段的重要性已经被发现,但是由于受到现场观测条件、仪器盲区等因素的限制,尚未见到关于极浅水时段流速-含沙量过程、垂向精细流速结构及其动力地貌过程的直接观测和定量研究。

　　本章基于 2013 年 8 月的水动力-含沙量-地形变化单点位观测数据,选取了波浪影响最小的一个潮周期,考虑以潮汐为主要水动力作用,对近底水沙过程进行分析,研究了涨潮前期和落潮后期极浅水时段的水沙动力特征和垂向流速剖面结构,发现了流速(含沙量)突增的现象,分析了水沙响应关系,推测了涨潮初期和落潮后期仪器没有测量到的水动力过程。

3.1 近底边界层流速剖面构建及潮流切应力计算

3.1.1 边界层参数计算方法

能反映边界层摩阻特性的参数主要包括摩阻流速和粗糙长度。摩阻流速是底部切应力的另一种表达形式,反映了潮流对底床的作用强度;粗糙长度由底质粒径、床面形阻和推移质产生的糙度之和组成,其中,底质粒径是粗糙长度中最小的一部分,床面形阻主要由沙纹、生物丘以及海底植被产生[78]。

经典的 Karman-Prandtl 公式常被用于描述清水、恒定流以及平坦底床条件下的边界层流速剖面:

$$u = \frac{u_*}{\kappa} \ln \frac{z}{z_0} \tag{3.1}$$

式中:u 是边界层内距离床底高度 z 处的流速;u_* 是摩阻流速;z_0 代表底部粗糙长度;κ 为 Karman 常数,一般取值为 0.4。

对数流速剖面法是推求摩阻流速 u_* 和粗糙长度 z_0 最常用的方法[22, 24, 60, 76, 79]。该方法使用的前提是有至少 3 层符合对数分布的实测流速值[74, 78, 80]。公式(3.1)可改写为:

$$u = \frac{u_*}{\kappa} \ln z - \frac{u_*}{\kappa} \ln z_0 = a \ln z + b \tag{3.2}$$

将实测的近底分层流速 u 及其对应的高度 z 的对数值 $\ln z$ 进行线性拟合,根据斜率 a 和截距 b,可求得摩阻流速 u_* 和粗糙长度 z_0:

$$\begin{cases} u_* = a \cdot \kappa \\ z_0 = e^{-b/a} \end{cases} \tag{3.3}$$

用对数剖面法求解边界层参数时的精度主要取决于参与拟合的实测流速,流速的层位高度对于摩阻流速和粗糙长度的计算有很大影响。Dyer[79]认为,大部分的观测都没有获得近底 15 cm 以内的数据,实际的近底摩阻流速可能比采用上层流速剖面计算出来的要大得多。Lueck[72]也指出,粗糙长度的精确估算需要近底层的测量数据。近年来,借助于先进的声学多普勒流速仪,粉砂淤泥质潮滩上的现场流速观测高度已经能达到滩面以上10 cm左右[22, 28],但10 cm以内的单点流速观测并不多见,高精度的剖面流速观测更是少有见到报道。而此次观测在近底3~6 cm层内取得了31层数据,为准确的边界层参数计算提供了良好的基础。

3.1.2　潮流作用下床面切应力计算

床面切应力在研究潮滩泥沙输运,尤其是判断泥沙再悬浮和估算冲刷率的时候尤为重要。

计算潮流切应力时使用较为广泛的方法主要为对数剖面法和二阶矩方法。对数剖面法指的是利用水平时均流速的对数分布来求取底部切应力;二阶矩方法,包括紊动动能法(Turbulent Kinetic Energy,简称TKE)、雷诺应力法(Reynolds Stress,简称RS)和惯性耗散法(Inertial Dissipation,简称ID)都是采用脉动流速求取底部切应力,其中较为常用的为TKE方法。

由于对数剖面法只能适用于符合对数剖面分布的流速剖面,而在测量过程中由于受到测量范围、波浪、水体分层等多种因素的影响,有些近底层垂向流速剖面并不符合对数分布,通过计算而得的切应力也超出正常范围。因此,本研究采用对数剖面法和TKE这两种方法分别计算底部切应力,并择优选取计算结果。

由"小威龙"以及ADCP所测量的流速由平均流速、波浪轨迹速度和脉动流速三部分构成。

$$u = \bar{u} + \tilde{u} + u' \tag{3.4}$$

式中:u指实测流速;$\bar{u}$指时均流速;$\tilde{u}$指波浪轨迹速度;u'指脉动流速。

由于波浪和水流紊动的频率较大,在一定的时间范围内平均的实测流速可以近似地认为已经消除了波浪和脉动的影响。因此,采用对数剖面法计算底部切应力时可以直接将实测水平流速进行时段平均,本书采用1 min的平均流速进行剖面拟合。基于公式(3.1)—公式(3.3)求取摩阻流

速 u_* 后,可直接计算潮流切应力 τ_c:

$$\tau_c = \rho u_*^2 \tag{3.5}$$

运用 TKE 方法计算摩阻流速的公式如下:

$$u_{*TKE} = (0.19E)^{0.5} \tag{3.6}$$

$$E = 0.5(\overline{u'^2} + \overline{v'^2} + \overline{w'^2}) \tag{3.7}$$

式中: u', v', w' 分别为三个方向的脉动流速; E 为紊动动能。

因此,采用 TKE 方法时需要将实测流速在三个方向上的分量按照公式(3.4)进行分离,去除平均流速和波浪轨迹速度,以获得单独的脉动流速分量。在波浪较大的地区,波浪所产生的能量要高于紊动动能,因此将波浪从高频流速中分离出来十分有必要。一般来说,波浪和脉动的频率高低不同,可以通过设置频率阈值来分离频率较高的脉动和频率较低的波浪。但是研究表明,实际中波浪和脉动的频率区间是有一定重合的,有学者提出了不同的理论来去除波浪对脉动流速的"污染"。Benilov 和 Filyushkin[148]认为,流速中与水体自由表面波动相关的那部分由波浪产生,而没有相关性的那部分运动则是由水体紊动产生,因此除了采集三维高频流速数据之外,他们还通过压力或电容式的波浪仪同步记录水体自由表面位置。Trowbridge 和 Shaw[149, 150]则采用两个一定距离布置的流速仪来区分紊动和波浪。两台流速仪的距离大于最大的紊动尺度(大约 1/4 水深)但小于一个波长。他们认为这两台流速仪同步测量到的运动中,不相关的部分就是水体紊动所产生的。Bricker[147]介绍了另外一种不需要同步波浪测量或同步流速测量的方法,并称之为相位法(Phase Method),这种方法假设波浪和脉动不会影响彼此的应变场,也就是他们之间没有相互作用,采用表面波水平和垂向流速分量之间的相位差,在频域的惯性次区将脉动值从波浪频率中插值出来。简单来说,这种方法在双对数坐标的能量谱密度图中对预设的波浪频率范围进行线性插值,将波浪和脉动流速分离。这个方法使用方便,限制较少,且对比其他两种方法获得的结果更好,被很多学者采用并推荐[151, 152],在本书中也同样被采用。

　　以 2015 年 12 月 24 日晚上的潮周期为例,该潮次波高较大,波浪对紊动影响较多。波浪和紊动分离的方法及结果如图 3.1 所示。其中,图 3.1a和 b 分别是 S6 号点和 S7 号点 x 方向(南北向)高频流速的平方在去除波浪轨迹流速前(灰色实线)、后(黑色实线)的值;图 3.1c 和 d 分别为选取 S6号点和 S7 号点在该潮周期的某个时段绘制的能量谱密度图。灰色实线为原始能量谱密度,蓝色实线是去除波浪后的紊动能量谱密度。

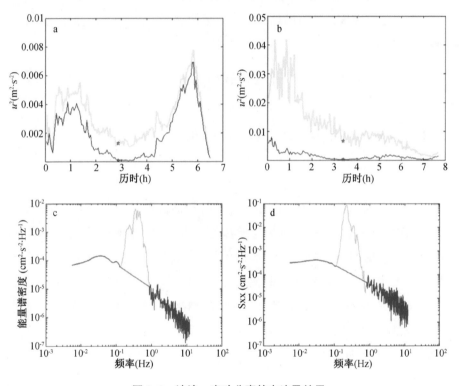

图 3.1　波浪—紊动分离的方法及结果

　　图 3.1 c 和 d 分别对应图 3.1a 和 b 中的红色五角星位置,为该时段的能量谱密度图。以图 3.1 c 为例,灰色实线为典型的包含波浪的能量谱密度(灰色实线下的面积约等于总的协方差 $(u' + \tilde{u})^2$),最高峰对应的波浪频率约为 0.3 Hz,叠加在紊动流速谱之上;蓝色实线将波浪和紊动分离了开来,实线之上的区域为波浪的贡献,之下的区域则为紊动的贡献。

　　波浪的频率范围因时段而变化。为了更好地去除波浪的影响,采用固定的低通频率和变化的高通频率来过滤波浪。高通频率阈值根据一定水深条件下能够触底的最大波浪频率条件来确定,即深水波的临界条件:

$$h/L_\infty > 1/2 \tag{3.8}$$

$$L_\infty = \frac{g}{2\pi} T^2 \tag{3.9}$$

式中:h 为水深;L_∞ 为深水波波长;T 为波浪周期。

由此可推求该条件下的最大临界波浪频率,并以此作为过滤波浪的高通频率阈值:

$$f < \sqrt{g/(4\pi h)} \tag{3.10}$$

3.2 近底水沙过程及近底流速剖面

如 2.2 节所介绍的,2013 年 8 月 8 日—10 日的单垂线边界层水沙观测历时三个潮周期。观测期间的水深、特征波高(此处为 1/3 大波波高)和距床面 3 cm 处(以安装时的初始床面为参照)的流速过程见图3.2,其中第一个潮周期由于“小威龙”运行不稳定,采集的近底流速数据有所缺失。一个潮周期的滩面淹没时间为 6.6~7 h,出露时间为 5.3~5.6 h。在淹没期间,涨潮平均历时约 3.47 h,落潮平均历时约 3.25 h。在观测期间,常风向为南到西南,平均风速 4.6 m/s,平均特征波高0.11 m;最大风速 6.1 m/s(图 3.3),最大波高 0.25 m,最大的风速和波高均出现在第三个潮周期。

在三个潮周期中,第二个潮周期潮差最大,风浪最小(最大特征波高只有 0.055 m)。初步估算,波浪边界层厚度小于 1 cm[21],波浪对潮流引起的边界层影响最小,潮汐为主要水动力作用。因此,本章选择第二个潮周期作为代表潮,研究潮流作用下的极浅水边界层特征。

3.2.1 水动力过程

第二个潮周期内的水深和“小威龙”记录的近底 3 cm 层位(相对于初

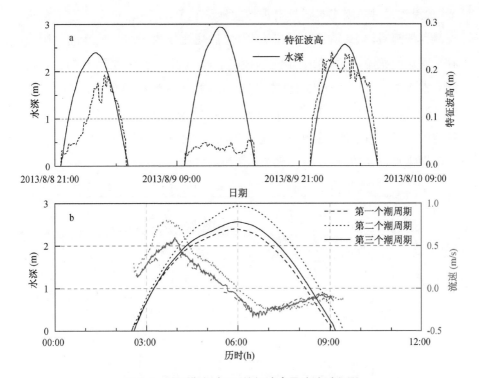

图 3.2 观测期间水深、特征波高及流速过程图

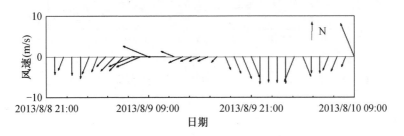

图 3.3 观测期间风速风向过程图

始床面)的流速矢量过程见图 3.4a。观测点位的涨潮前锋到达时间约为 9:45,落潮流的离开时间约为 16:45,总的淹没时间为 7 h。憩流在 13:15 前后发生,此时水深最大,流速几乎为零,持续时间约为 8 min。

观测区域潮流往复流特征明显,涨潮主流向在 160°～220°之间,落潮主流向在 240°～60°之间。涨潮初期和落潮末期的流向与主流向有所偏差,水流方向几乎垂直于岸线。此时由于水深较浅,水流受局部地形影响较明显,水深较大时潮流流向则与宏观地貌地形有关,呈南北向[22]。潮流流速在滩面涨潮后约 1h 就达到了最大值,之后变化较为平缓。最高潮位附近存在明显的憩流,但憩流时间不长,流速在零点附近脉动,随后转向。在落潮后期水位极低(0.2 m 以下)的极浅水时段,近底流速稍有增大趋势。在整个涨、落潮过程中,流速不对称现象明显,最大涨潮流速几乎是最大落潮流速的 3 倍。由于涨、落潮历时基本相同,故观测点位处的涨潮输水量大于落潮输水量,净输水方向大致平行于岸线向南。

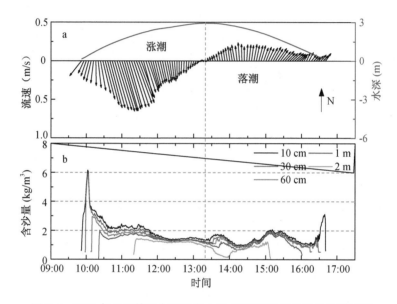

图 3.4 2013 年 8 月第二个潮周期水深、流速矢量及分层含沙量过程

3.2.2 含沙量过程

潮周期内的含沙量变化过程如图 3.4b 所示。含沙量在一个潮周期内变化趋势明显,下层含沙量高于上层含沙量,总体呈现出相同的变化趋势。含沙量过程和流速过程关联性较好,但悬沙的变化较流速变化有明显的滞后现象。

随着涨潮前锋的到来,泥沙迅速起扬,出现了整个涨落潮过程中的最大值,近底层含沙量高达 6.15 kg/m³。涨潮前锋过后,水流挟沙能力下降,泥沙落淤,随后悬沙浓度下降到了 2 kg/m³,并保持在这个水平。在涨憩前后,水流转向,流速几乎为零,表层含沙量急剧下降,水体下部含沙量增高,泥沙落淤。落潮过程中的含沙量水平与涨潮时的大致相同,但在落潮的最后阶段,当水深下降至 0.13 m 时,含沙量出现了整个涨落潮过程中的第二个峰值(3.13 kg/m³)。

在整个潮周期中,除涨憩前后垂向悬沙浓度梯度增加、水体分层明显外,大部分时间内的水体悬沙垂向混合均匀,分层现象不明显。

3.2.3　近底流速剖面结构

"小威龙"剖面流速仪和 RiverRay ADCP 分别获取到了水体近底 10 cm 以内(3～6 cm)和床面 35 cm 以上(最小分层单元 10 cm)的分层流速,其中的 7 层分层流速见图 3.5b。

采用床面 55 cm 以内的分层流速来拟合近底流速剖面,当拟合的相关系数大于 0.95 时,则认为流速剖面符合对数分布。由于床面冲淤变形(图 3.5c 中黑点所示),实测流速距离底部的距离(公式(3.1)中的参数 z)是实时变化的。计算结果表明,相比于采用动态距底距离,采用固定的距底距离进行对数剖面拟合会带来高达 60%(采用 3～55 cm 层位)和 150%(采用 3～6 cm 层位)的相对误差。由此可见,床面位置的准确性对采用剖面拟合法准确计算摩阻流速有很大影响,尤其是当采用的流速层位较低、范围较小时。因此,拟合中采用实时的"小威龙"距离床面高度数据进行计算。

图 3.5a 显示了拟合的相关系数 r,其中,蓝色圆点对应 $r \geqslant 0.95$,红点圆点对应 $r < 0.95$。拟合结果显示出了非常好的相关性,在整个潮周期获取的 408 个流速剖面中,有 392 个(约 96%)流速剖面符合对数分布,不符合对数分布的流速剖面集中在涨憩前后。在潮周期中选取特征时刻:涨潮初期(Burst 2)、涨急(Burst 70)、涨憩(Burst 205)、落急(Burst 278)、落潮后期(Burst 408)(在这里,Burst 指的是采样序列数,文中采用每一分钟平均的数据作为一个 Burst,如 Burst 2 指的就是该潮周期内第 2 分钟的平均数)。这些特征时刻的实测分层流速及拟合流速剖面见图 3.5d。可见,除了涨憩时刻,绝大部分时间内的近底流速剖面符合对数分布。涨憩(Burst 205)时刻的流速剖面偏离了对数分布,可能是由转流时刻往复流的特性所致。在后面的分析中,只采用符合对数分布的剖面来计算底部切应力。

3.2.4 底部切应力及床面变形

底部切应力是水沙界面的摩擦阻力,是估算泥沙冲刷、沉积和输运的关键参数。基于对数拟合方法,采用公式(3.3)和公式(3.5)来计算底部摩阻流速和底部切应力,计算结果见图 3.5c。

底部切应力与实测流速大小具有较好的相关性,但涨、落潮底部切应力不对称现象更加明显。涨潮过程中的平均底部切应力为 2.53 N/m²,最大值达到了 6.28 N/m²,而落潮时的平均值只有 0.52 N/m²,涨、落潮相差达一个量级。而事实上,涨、落潮水体的含沙量并没有显著的差异,约为 2 kg/m³。涨潮时的最大含沙量略大于落潮时,这可能是由于涨急时虽然底部切应力很大,但床面已不能提供充足的悬沙来源,因此水体悬沙中的外源输沙比例较大,而局部再悬浮泥沙的比例较小,水体含沙浓度对流速响应不敏感。如能获取床沙与悬沙的颗粒级配,就能直接证明悬沙的来源,但此次测量由于有特殊原因,未能采集样本进行比对。

图 3.5c 中黑色的点线显示了"小威龙"流速剖面仪换能器下方的滩面变形情况,在涨潮过程中,10:22 至 11:35 的数据有空缺,这是由于床面层上方泥沙浓度过高,超声测距发生错误。从有效数据来看,涨潮期间底部变形幅度较大,反映了水动力作用对地貌演变的作用。

3.3 极浅水时段流速与含沙量突增现象

极浅水时段包括涨潮初期和落潮末期两个阶段。由于仪器安装高度受到限制,当水深大于 10 cm,即当换能器被淹没后,才获得有效的流速与含沙量数据。本次观测中"小威龙"流速剖面仪测量到了滩面刚被淹没不久(水深约 10 cm)的流速过程,发现了极为明显的潮锋现象。

图 3.6 是流速/含沙量与水深的关系图。流速及含沙量在极浅水时期的突增现象十分明显。图中画出了距离底部 3 cm、6 cm 和 35 cm 层位的流速随水深变化的过程,以及距离底部 0.1 m、0.3 m、0.6 m、1 m、2 m 层位的含沙量随水深变化的过程。涨潮初期,可以看到完整的含沙量突增过程,

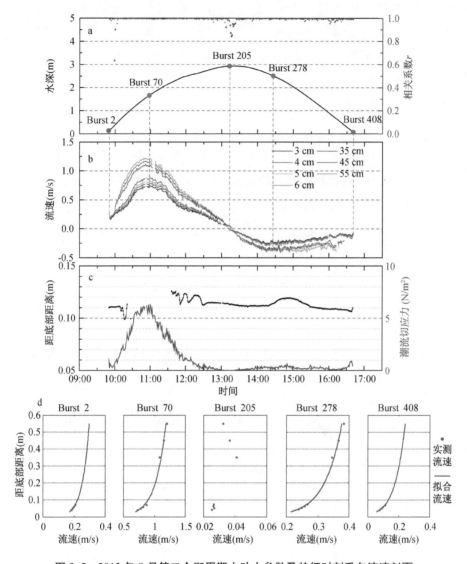

图 3.5 2013 年 8 月第二个潮周期水动力参数及特征时刻垂向流速剖面

而流速的突增过程只记录到了后半部分。水深为 15 cm 时,距离滩面 6 cm 高度处的潮锋流速可达 32 cm/s(图 3.6a 中橙色箭头所示),切应力达 1.5 N/m²(图 3.5c)。观测点位处底质的中值粒径为79 μm,临界起动流速为 15 cm/s,而且此时潮滩表面覆盖着上个潮周期末落淤的细颗粒泥沙,固结程度不高,在强烈的潮锋作用下易迅速起扬,水体含沙浓度急剧上升,并达到了整个涨落潮过程中的极大值,10 cm 层位的水体含沙量高达 6.15 kg/m³(图 3.6b 橙色箭头所示)。但含沙量峰值与流速突增之间有一定的时间延迟,所以当含沙量达到最大值时,滩面水深已上升到 0.4 m。此时,水沙垂向混合均匀,10 cm 和 30 cm 层位的含沙量几乎相等。潮锋过后,水体从高紊动状态逐渐恢复至常态,部分泥沙开始落淤,且随水深继续增大,有稀释含沙浓度的作用,含沙浓度迅速下降。"小威龙"提供的滩面变形数据清晰地显示了这个过程(图 3.5c),其换能器距底部的距离在 10:15 时显著减小。潮锋持续的时间很短,从流速过程来看只有 3 min,含沙量高于 4 kg/m³ 的水流过程持续了约 7 min。

落潮后期,水位降到 0.4 m 以下后,流速稍有加强(图 3.6a 中绿色箭头所示),但底切应力却由 0.2 N/m² 陡增至 1.4 N/m²(图 3.5c),同时,10 cm 层及 30 cm 层的悬沙浓度有显著上升。水深下降到 0.3 m 以下后,10 cm 层的含沙量持续上升,并达到 3.13 kg/m³(图 3.6b 中绿色箭头所示),此时水深已落至 10 cm。在落潮后期的极浅水时段,除了受到重力作用滩面薄层水流不断向潮沟中汇聚外,滩面反渗水可能也加强了落潮水流,使流速略有上升。

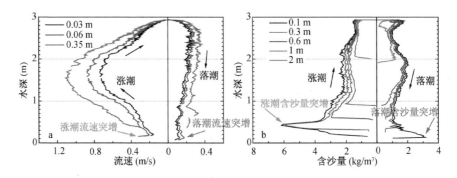

图 3.6　流速-水深过程图及含沙量-水深过程图

此外,极浅水时段的水流会受到显著的底部摩擦作用。图 3.7a 和 b 是在涨潮初期和落潮末期两个极浅水时段的近底流速剖面(距离底部 3~6 cm),括号中的 1~6 依次代表着特征时刻的流速剖面编号,点为实测流速,线表示采用对数剖面法拟合的流速剖面。从图 3.7a 中可见,9:50 时

"小威龙"测量到的第一个流速剖面梯度最大（此时水深 15 cm 左右）。在接下来的 5 min 内，随着水位的升高，近底流速剖面梯度逐渐减小，底部切应力随之减小。落潮后期，这种趋势更加明显（图 3.7b）。可见，随着水深的减小，垂向流速梯度会变大，因此相应的床面切应力也会增大。

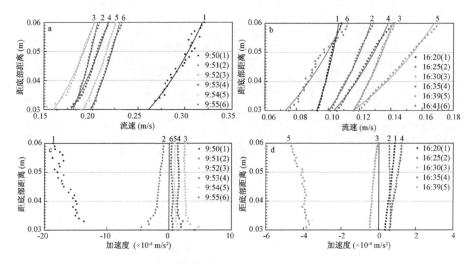

图 3.7　涨潮初期和落潮周期近底流速剖面及加速度剖面

"小威龙"和浊度仪的安装高度导致获取的数据只能显示滩面水深大于 10 cm 后的水动力泥沙过程。因此，对于在已测量的涨潮前锋之前或落潮后期之后的极浅水时期，即滩面刚刚涨水或接近露滩的时候的滩面动力地貌特征，至今尚未开展研究。

图 3.8 是在现场从不同角度拍摄的涨潮前锋的照片，图中可见两条清晰的边界线。其中，红色的虚线是光滩与水边线的交界线。在本研究区域，涨潮前锋平缓，并没有见到类似于高抒所描绘的涌潮现象，这与局部水动力和地貌条件有关。强流速与极浅水的共存是涌潮发生的必要条件[20]，可能观测点位的潮流前锋水流流速并不足以产生涌潮。绿色的虚线是相对清澈的水体与浑浊水体的交界线。一来，"冲刷延迟"效应会使得泥沙悬浮滞后于动力条件；二来，这表明了涨潮前锋水体的加速过程。当潮滩刚刚被淹没时，潮流前锋流速很小，并不能使得滩面泥沙悬浮。随着水深的增加，随之而来的较强的潮流扰动滩面泥沙，使之迅速再悬浮，从而造成了

图 3.8b 中所示的含沙量峰值。因此,当涨潮流到来时,滩面上的沉积物并没有立刻被扰动,形成了水体前端相对清澈的区域。

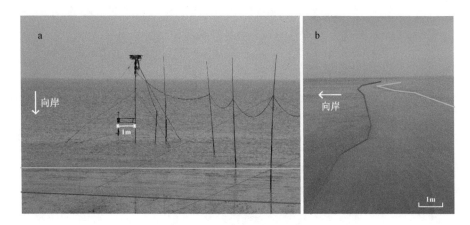

图 3.8　涨潮前锋现场照片

由图 3.4a 所示的水深变化过程可知,涨潮前期和落潮后期的水位变化率大概为 3×10^{-4} m/s。按照这样的水位变化率推算,在仪器开始提供有效数据之前(即水深从 0 变化到 10 cm 期间),点位已经被淹没了约 5 min。落潮后期类似,在仪器停止工作以后约 5 min 的时间内,观测点位还是处于被淹没的状态。

为了探究这段无数据记录的时间内的流速变化,制作出了涨潮初期和落潮后期的加速度剖面(图 3.7c 和 d)。每个时间的加速度通过此时的流速与后一时刻的流速计算而得。最初流速的减速过程(图 3.7c 中的剖面 1 与剖面 2)显示,在水深没过"小威龙"换能器之前,水流流速可能更大。由于涨潮前锋水流几乎垂直于岸线(图 3.4a),可以根据水流连续性方程推算前锋的传播速度。研究区域潮滩的坡度约为 0.06%,涨潮初期的水位上升率约为 3×10^{-4} m/s。根据质量守恒理论,水流的水平传播速度约为 0.5 m/s,这比仪器记录到的第一个数据大。虽然这个估算忽略了水流摩擦和自由表面梯度,但是为这个问题提供了一个一阶估算值。

在水动力数值模拟中,干湿边界的判定是一个经典问题。在传统的计算中会设置一个临界水深值,当水深小于该值时,认为流速为零。此时假设潮波为维持前锋,有一个最小水深,传播速度根据 $\sqrt{gh}$ 来估算(h 为前锋水深)。根据前面的推算,为维持前锋流速 0.5 m/s,临界水深约为 0.025 m。

而在落潮后期的 5 min 内,剖面 5(图 3.7d)的减速预示着水流流速持续降低的过程,有限的数据显示,16:39 时的流速最大,在 16:41 时刻(仪器记录到的最后一个流速时刻),流速已经降到 0.11 m/s。因此可以推断,落潮最后的 5 min 流速较小,泥沙趋于落淤。这与涨潮前锋的动力过程完全不同。

3.4 本章小结

基于 2013 年 8 月近底流速剖面和分层含沙量现场观测,选取波浪影响最小、潮流作用为主要水动力作用的一个代表潮,分析了近底边界层内垂向流速剖面结构和极浅水时期的水动力、含沙量特征,得出如下主要结论。

(1)研究区域的潮汐不对称现象明显,涨潮占优。净输水输沙平行于岸线向南。

(2)除涨憩阶段,整个潮周期过程中近底 55 cm 以内的垂向流速剖面符合对数分布。

(3)极浅水时段包括涨潮初期和落潮末期,这两个阶段的水深在 10 cm 量级,但流速梯度很大且含沙量很高。

(4)极浅水时段观测到了显著的流速和含沙量突增现象。涨潮初期观测到的流速高达 32 cm/s,含沙量峰值达 6.15 kg/m³,这两个值并没有同时出现,但都是极浅水作用的产物;落潮末期观测到流速稍有增加,但切应力增至 1.4 N/m²,近底含沙量仅次于涨潮初期,达 3.13 kg/m³。

(5)根据估算,在滩面已经涨水而仪器还没有被淹没的时段,极浅水涨潮前锋的最大流速可能会达 0.5 m/s,这比记录到的第一个流速要大;但在落潮的最后阶段,仪器出露以后,落潮流流速持续下降,泥沙落淤。

第 4 章

波流共同作用下极浅水
时段水沙特征

除潮流之外，波浪是引起水体紊动掺混、泥沙再悬浮输运、床面冲淤演变以及一系列生物化学过程的另一个重要的水动力要素。与潮流的紊动扩散作用相比，波浪对底部泥沙再悬浮过程的影响更大，在潮流作用很弱的时候，波浪也能导致泥沙的有效悬浮。

在江苏中部开敞式潮滩环境中，波浪作用通常不可忽略。当波浪传播到浅水区域后，与潮流的相互作用愈发强烈。在极浅水时段，波高的发展受到水深的限制，又因水浅，对底部水流结构以及泥沙再悬浮的影响相对更大。波浪边界层的存在，以及其与潮流的非线性作用，会对潮流边界层造成一定影响，使得近底垂向流速结构偏离对数分布。

本章基于 2013 年 8 月夏季大潮的单点观测数据以及 2015 年 12 月冬季大潮的多点观测数据，研究了波浪和潮流共同作用下近底垂向流速结构以及极浅水时段流速、含沙量突增现象的特征，讨论了波浪对近底流速剖面形态和极浅水时段水沙关系的影响。

4.1 波浪参数提取及波流共同作用下切应力

4.1.1 波浪参数提取

在现场观测中，采用压力式波潮仪记录了波高和波周期，但是波潮仪无法记录波浪运动的方向。由于"小威龙"记录的三维高频脉动流速中包含了水质点在波浪作用下的轨迹流速,而且由波浪产生的轨迹运动频率介于低频的潮流运动和高频的水体脉动之间,三者的运动频率有较明显的区别,因此,利用谱方法将流速中的波浪运动分离出来进而提取波高和波向已经是一种较为成熟的方法。

根据 Wiberg 和 Sherwood[122](文献中方程 11)中的方法,波浪底部轨迹速度的代表值为:

$$u_{br} = \sqrt{2 \sum_i (S_{xx} + S_{yy})_i \, \Delta f_i} \tag{4.1}$$

式中:f 是波浪频率,将其设定在一定范围内以排除因水流脉动产生的高频运动和因潮汐或其他形式的水流产生的低频运动。谱方法也可以用来估算特征波周期和特征波高[122, 153]:

$$T_s = \frac{\sqrt{2} \sum_i S_{xxi} \, \Delta f_i}{\sum_i f_i S_{xxi} \, \Delta f_i} \tag{4.2}$$

$$H_s = 4 \left\{ \sum_i \frac{(S_{xx} + S_{yy})_i \, \Delta f_i}{\left[\dfrac{2\pi f_i \cosh(k_i Z)}{\sinh(k_i h)} \right]^2} \right\}^{1/2} \tag{4.3}$$

式中:Z 是实测流速距离床面的距离;h 是水深;k 是波数。

需要说明的是,这里的代表值指的是均方根值(Root Mean Square Value),特征值(Significant Value)是均方根值的 $\sqrt{2}$ 倍。

4.1.2　波浪及波流共同作用下床面切应力计算

4.1.2.1　波浪切应力

波浪切应力的计算采用 Jonsson(1996)的方法:

$$\tau_w = \frac{1}{2} \rho f_w u_b^2 \tag{4.4}$$

式中:ρ 是海水的密度;f_w 是波浪摩擦系数,该参数体现了底部摩阻对波浪的影响,是将波浪轨迹流速 u_b 和底部剪切作用相连接的重要参数。摩擦系数的大小与水力粗糙度有关[21]：

$$f_w = \begin{cases} 2\,Re_w^{-0.5}, & Re_w < 10^5\ (laminar) \\ 0.052\,1\,Re_w^{-0.187}, & Re_w > 10^5\ (smooth\ turbulent) \\ 0.237\,r^{-0.52}, & (rough\ turbulent) \end{cases} \quad (4.5)$$

式中：波浪雷诺数 $Re_w = A^2\omega/\upsilon$，$A = u_b T/2\pi$，$\omega = 2\pi/T$。

波浪在底部的轨迹速度 u_b 可以表达为：

$$u_b = \frac{\pi H}{T \sinh(kh)} \quad (4.6)$$

式中：波数 $k = 2\pi/L$，波长 $L = g\,T^2/2\pi \times \tanh(kh)$，$g$ 为重力加速度；H 为波高（在公式（4.4）中采用均方根波高）；T 为波周期；h 是水深。

4.1.2.2 波流共同作用下综合底部切应力

由于波浪和潮流之间的作用是非线性的，所以不能将波浪切应力和潮流切应力直接相加来求取综合切应力。这里采用 Wallingford（2005）在关于波浪和潮流联合作用下底床切应力的报告中推荐的 Soulsby（1995）模型来计算波流共同作用下平均和最大底部切应力。

周期平均的底部综合切应力可由下式计算：

$$\tau_m = \tau_c \left[1 + 1.2 \left(\frac{\tau_w}{\tau_c + \tau_w} \right)^{3.2} \right] \quad (4.7)$$

假设潮流产生的紊动对周期性波浪运动的影响很小，那么综合床面切应力的最大值可由下式计算：

$$\tau_{max} = \left[(\tau_m + \tau_w |\cos\varphi|)^2 + (\tau_w |\sin\varphi|)^2 \right]^{1/2} \quad (4.8)$$

式中：φ 为潮流和波浪轨迹运动之间的夹角。

4.2 波浪影响下近底流速剖面形态及边界层参数

4.2.1 2013 年 8 月第三个潮周期近底剖面流速结构

在上一章中，选择了 2013 年 8 月观测期间波浪作用最小的第二个潮周期作为代表潮,研究了仅在潮流作用下的边界层特性和极浅水水沙特征。
然而除了第二个潮周期,其他两个潮周期内都有不可忽略的波浪作用(图
3.2a)。由于在第一个潮周期内"小威龙"收集的数据不连续(图 3.2 b),故
在本小节中,首先选择第三个潮周期作为代表潮,与第二个潮周期进行对
比,研究波浪和潮流共同作用下的边界层特性及极浅水水沙特征。

第二、三两个潮周期的水深-流速-流向和含沙量过程如图 4.1 所示。
通过对比可见,两个潮周期的涨、落潮水动力过程相似,涨、落潮历时基本
相同,涨潮流速占优,流向在涨潮前期和落潮末期与岸线垂直,其他时候往
复流特征明显,基本为南北向。第三个潮周期的潮汐动力比第二个潮周期
的弱,最大水深仅为 2.57 m,滩面淹没总历时约 6 h 40 min,比第二个潮周
期短 20 min,床面以上 3 cm 层位的涨、落潮最大流速分别为 0.54 m/s 和
0.3 m/s。

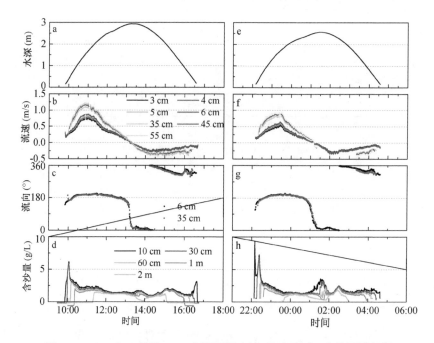

图 4.1　2013 年 8 月第二、三个潮周期水深、流速、流向、含沙量过程图

ADCP 采集问题使得第三个潮周期 35～55 cm 层位流速有所缺失(图
4.1 f),但在这个阶段"小威龙"仍然运行良好,有完整的近底分层流速数

据,这个时段的对数剖面拟合只采用"小威龙"的近底层数据进行拟合。对数剖面拟合相关系数及特征时刻(涨潮初期 Burst 1、涨急 Burst 71、憩流 Burst 190、落急 Burst 242、落潮末期 Burst 387)的剖面形态见图 4.2 a 和 c。整个潮周期中,几乎所有的近底层剖面都符合对数分布(在 387 个剖面中,有 386 个剖面的对数关系相关系数在 0.95 以上)。第三个潮周期憩流时刻的流速剖面形态与第二个潮周期的相似,水流正在转向,上层流速(35~55 cm 层位)稍稍偏离拟合曲线,但程度不大,仍然符合对数分布的要求。

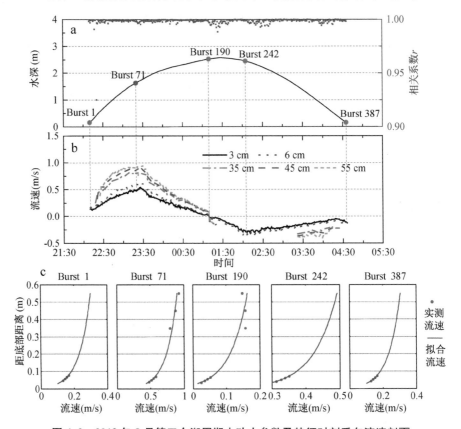

图 4.2 2013 年 8 月第三个潮周期水动力参数及特征时刻垂向流速剖面

根据 Nielsen (1992)在书中所述,不同学者对单纯波浪边界层的厚度有不同的定义,若选择采用较保守的方法,可用下式进行估算:

$$\delta_w = 4.5\sqrt{\frac{2\upsilon}{\omega}} \tag{4.9}$$

式中：δ_w 为纯波浪边界层厚度；υ 为水体黏滞系数，30℃时约为 $0.801 \times 10^{-6} \ \text{m}^2/\text{s}$；$\omega$ 为波浪的角速度，$\omega = \dfrac{2\pi}{T}$，其中 T 为波浪周期。由第三个潮周期 TWR 提供的十分钟平均潮周期最大为 4.7 s，带入公式中通过计算而得的结果约为 5 mm。可见，在第三个潮周期的波流共同作用下（最大特征波高0.25 cm），波浪边界层范围很小，虽然在潮流作用下波浪边界层厚度可能会变大，但从数据看，仍在"小威龙"观测范围之外。因此，对上文构建的 3～55 cm 范围的垂向时均流速剖面的对数分布几乎没有什么影响。

4.2.2　2015 年 12 月近底流速剖面结构

在 2015 年 12 月观测期间，S6 号点和 S7 号点这两个点位上的"小威龙"的安装高度不同，换能器距离初始床面分别约为 7 cm 和 10 cm。由于 S6 号点的安装高度过低，"小威龙"的观测剖面有部分处于滩面以下，属于无效剖面，上部分的有效剖面中包含了水沙交界面以上的黏性底层和波浪边界层。为探究波浪对近底流速剖面的影响，以进一步更好地估算潮流切应力，在本节中将对比 S6 号点和 S7 号点，研究距离床面不同高度处的近底流速剖面的形态及在两种情况下使用不同方法计算潮流切应力的结果。

采用 2015 年冬季三个潮周期的观测资料，选择位于光滩上的 S6 和 S7 号点的近底流速剖面数据进行分析。"小威龙"在 S6 和 S7 中的初始安装高度不同（图 4.3 所示为换能器距离初始床面的高度，红色剖面为"小威龙"的测量剖面范围）。S6 号点"小威龙"换能器距离底部 7 cm，测量剖面范围为距底 0～3 cm；S7 号点"小威龙"换能器距离底部 10 cm，测量剖面范围距底 2.5～6 cm。随着滩面冲淤的变化，测得的有效剖面范围和高度也会发生变化。

在观测期间，S6、S7 号点三个潮周期的水深、特征波高以及距底 3 cm 处（相对于初始床面）的流速见图 4.4。

S6 号点和 S7 号点中第一个潮周期中五个特征时刻（涨潮初期、涨急、涨憩、落急和落潮末期）的流速剖面如图 4.5 中彩色圆点所示。为了研究近底层流速剖面结构，首先检验了每分钟平均的垂向流速剖面结构是否符

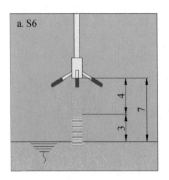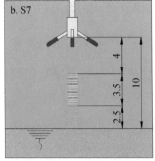

图 4.3　2015 年 12 月小威龙在 S6 号点、S7 号点的初始安装高度(单位:cm)

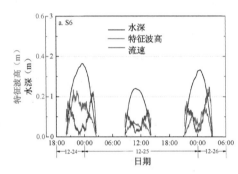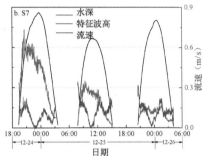

图 4.4　2015 年 12 月观测期间 S6 号点和 S7 号点水深、特征波高及距底 3 cm 流速过程

合对数剖面分布。S7 号点近底剖面(距初始床面 2.5～6 cm)的拟合结果与 2013 年的观测结果较为一致,测得的近底流速剖面大多符合对数分布,但 S6 的剖面却严重偏离了对数分布。

　　从 S6 号点中测得的流速剖面数据,首先去除了剖面中的无效数据,采用床面以上的有效数据进行对数拟合。拟合结果显示,三个潮周期中相关系数大于 0.95 的剖面分别占总剖面数的 54%、24% 和 59%。从剖面形态上看,S6 号点流速剖面的上端是符合对数分布的,考虑到在拟合的层位流速中可能包含了黏性底层和波浪边界层,因此在 S6 号点采用一种动态拟合的方法将符合对数的部分进行拟合,并求取相应的切应力。动态拟合方法为:从顶层开始,首先拟合顶部的五个点,如果相关系数大于 95%,那么加入下面的一个点继续拟合,以此循环,直到相关系数无法满足要求。五个特征时刻的拟合剖面如图 4.5a 中彩色实线所示。

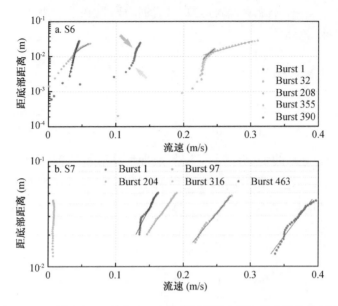

图4.5　S6 号点和 S7 号点在 5 个特征时刻的实测和拟合的流速剖面

观察图 4 a 中的流速剖面，以第一分钟的剖面（Burst 1，红色点线）为例，剖面出现了两个拐点（绿色箭头和紫色箭头所示）。最靠近床面的一段流速梯度很大，中间一段流速变化则较小。对于涨急（Burst 32，蓝色点线）和落急（Burst 355，橘色点线）来说，这个特征更加明显。最靠近床面约 5 mm 左右厚度范围内的是黏性底层，水层受黏性主导，紊动被抑制，流速随高度增长很快，所以流速梯度较大。在这之上受到波浪边界层的影响，紊动较为强烈，水质点垂向紊动抑制了流速梯度的发展[136]。在第一个潮周期过程中，最大波高为 0.23 m，波浪边界层的影响范围最大可达到床面以上约 3 cm。这个厚度比采用公式（4.9）计算出的纯波浪边界层厚度（$\delta_w = 4.5 \times \sqrt{\dfrac{2 \times 1.308 \times 10^{-6}}{2\pi/4.57}} \approx 6.2$ mm）要大很多。正如 Grant 和 Madsen 所述，波流共同作用下的波浪边界层会因潮流的存在而变厚，较温和波浪下的波浪边界层厚度为 3～5 cm 左右的量级[82]。

由上面的对数剖面拟合可知，黏性底层和波浪边界层的存在使得实测的垂向流速剖面在靠近底床的范围内偏离了对数分布。此外，波浪边界层之上的流速剖面虽然可以用对数剖面去拟合，但参与拟合的范围太小

（1 cm 左右），似乎不能够代表对数剖面的特征，这在下一小节的切应力计算中可以得到验证。

4.2.3　波浪影响下的边界层参数

采用 LP 方法求得的切应力以及采用 TKE 方法求得的切应力结果对比如图 4.6 和图 4.7 所示（图 4.6 中的 T1、T2、T3 分别表示第一、第二、第三个潮周期）。总的来说，对于 S7 号点，即使在有波浪的情况下，通过 LP 方法和 TKE 方法计算得到的底切应力均相差不大。只有当切应力大于 0.5 N/m² 的时候，两者的差值出现增大的趋势（图 4.7b）。对于 S6 号点，通

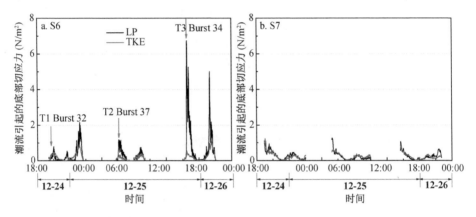

图 4.6　S6 号点和 S7 号点采用对数剖面法和 TKE 方法计算得到的潮流切应力

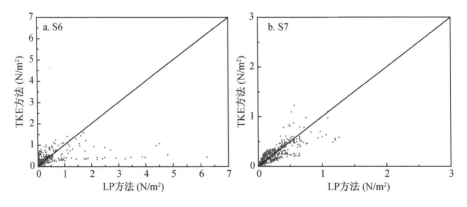

图 4.7　S6 号点和 S7 号点采用 LP 方法和 TKE 方法计算潮流切应力结果对比

过两种方法计算得到的切应力相差非常大，LP 方法往往会高估真实的潮流切应力（图 4.7a）。在第三个潮周期，由 LP 方法计算得到的最大切应力高达 6.6 N/m²，此时对应的由 TKE 方法计算得到的切应力只有 0.49 N/m²。

可见，S6 号点即使采用动态对数剖面拟合方法，LP 方法与 TKE 方法的结果也出现了较大的差异。这说明波浪边界层之上的流速剖面虽然可以用对数剖面去拟合，但仅顶部 1 cm 不到的范围不能够代表对数剖面的特征。实际拟合中，摩阻流速和粗糙长度受到参与拟合剖面的高度和范围的影响很大，因此拟合得出的切应力偏离正常值很大。在这个观测实例中，TKE 方法给出的结果在合理的切应力范围内，更具可信度。

另外注意到，在 S6 号点波高较小的潮周期内，使用两种方法计算得出的切应力仍然存在较大差值。选取 S6 号点三个潮周期中两者差值较大的三个时刻（图 4.6 中绿色箭头所示时刻，即 LP 方法和 TKE 方法计算结果差值最大的时刻），作出了其流速剖面及拟合剖面，如图 4.8 所示。

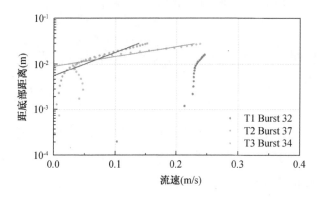

图 4.8　S6 号点三个潮周期中三个代表时刻的实测和拟合流速剖面

对于图中的三个时刻，波浪边界层内流速剖面的形态各不相同，这也许与当时的风向有关。在第三个潮周期中，离岸风导致波浪和潮流有较大的夹角，所以会更明显地增加表征粗糙长度和摩阻流速[21]。

这里并没有验证 TKE 方法的精度，但从计算原理来讲，TKE 方法去除了波浪的影响，也给出了更为合理的结果，所以在波浪条件下更推荐应用 TKE 方法估算底部切应力。

对于 LP 方法计算有效的 S7 号点,这里给出了三个潮周期内的平均切应力和粗糙长度对比(表 4.1,参数均采用公式(3.1)—公式(3.3)计算)。三个潮周期中,平均有效波高分别为 0.27 m、0.13 m、0.07 m。虽然在这三个潮周期中,通过 LP 方法与 TKE 方法计算得到的结果相差不算大,但相比于波浪影响较小的潮周期,在波高较大的潮周期内,使用两种计算方法得到的结果相对误差较大,得出的表观粗糙长度相较于物理粗糙长度也偏大。

表 4.1　2015 年 12 月 S7 号点三个潮周期内边界层参数

潮次	平均切应力(LP 方法)(N/m²)	平均切应力(TKE 方法)(N/m²)	相对误差(%)	平均表观粗糙长度(m)	物理粗糙长度
S7-1	0.29	0.18	61	0.002 2	
S7-2	0.22	0.16	37	0.001 1	0.000 9
S7-3	0.24	0.22	9	0.000 7	

注:对于有沙纹的床面,物理粗糙长度 $k_s \approx 8\eta/\lambda^2$。

4.3　波浪影响下的近底水沙动力过程及流速/含沙量突增现象

虽然 2013 年第三个潮周期过程中的波浪作用在近底流速剖面形态上并没有体现,但对近底层含沙量过程影响比较明显,尤其是在潮流作用较弱时,包括涨潮初期的极浅水时段和水位最高的涨憩阶段。

虽然第三个潮周期的潮汐动力比第二个潮周期弱,但图 4.1 h 中的含沙量过程显示出了相反的趋势,潮汐动力较小的第三个潮周期涨潮初期的含沙量峰值反而更高,最大值达 9.31 kg/m³。含沙量对水动力的响应时间更短,且持续时间更长。第二章有提到,第二个潮周期极浅水时段近底 10 cm 层位含沙量为 4 kg/m³ 以上的过程持续了 7 分钟,而在第三个潮周期,该过程持续了约 20 分钟。

图 4.9 给出了整个潮周期内流速和含沙量(10 cm 层位和 30 cm 层位)

与水深过程的关系图。涨潮初期的流速突增现象并不明显,可能是因为太弱的潮汐动力没有产生流速突增,也可能是因为该过程时间较短,量级较小,没有被仪器捕捉到。然而含沙量在涨潮初期出现了两个峰值,第一个峰值出现在仪器刚刚被淹没的时候,故猜测第一个峰值是由涨潮前锋带动潮滩表层浮泥所引起;第二个峰值是由流速超过底质临界起动切应力引起的。而滩面能参与悬浮的泥沙有限,所以流速继续增大后含沙量并没有增加,反而随水深的增大而减小。

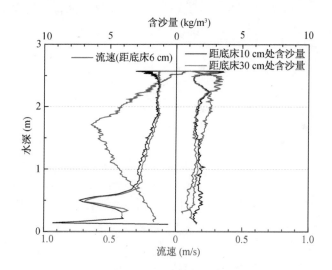

图 4.9   2013 年 8 月第三个潮周期流速/含沙量与水深关系图

事实上,波浪的存在对极浅水时期滩面对水流的响应有较大影响。一般来说,潮流对水体泥沙的垂向混合和水平输运作用较大,波浪则对泥沙再悬浮贡献较大[151]。极浅水时期,水深较小,波高的发展受到水深限制。但此时波浪属于浅水波,能很好地触底,对床面泥沙的悬浮作用更为显著。关于波浪对泥沙再悬浮的影响,将在第 6.3.1 节具体说明。

4.4   本章小结

本章研究了波流共同作用下近底边界层垂向流速剖面结构、边界层参数及极浅水过程的特征。具体结论如下:

（1）当波浪存在时，波浪边界层内流速梯度较小，近底流速剖面会受到波浪边界层的影响而偏离对数分布。特征波高为 0.23 m 的波浪边界层可以扩展到距底 3 cm 的范围。

（2）采用受到波浪影响的流速剖面拟合时，LP 方法会高估床面切应力。因此，当测得流速剖面有部分位于波浪边界层内时，TKE 方法能更准确地计算底部切应力。

（3）流速突增的量级与普通量级的风浪关系很小，但波浪的存在使得底床对水动力的响应更加敏感，造成极浅水时期显著的含沙量突增现象。

第 5 章

极浅水时段水沙现象时空变化特征

关于流速突增（surge）现象产生的原因，大多采用连续性理论进行解释[40-42, 154]。在假设滩面上水位始终保持水平（即不考虑水体动量的对流扩散过程）、垂向流速分布均匀的情况下，采用简化理论分析潮锋发生流速突增的原因。在此理论基础上，高抒[20]解释了滩面涌潮发生于潮间带中部而不是潮间带下部的原因。在本书中，两次现场观测的观测点滩面均处于潮间带中下部，但也观测到了明显的流速突增现象，且波浪作用的贡献不可忽视。因此，尽管早期基于水体连续方程并经过诸多假设和简化得到的理论分析成果在一定程度上解释了极浅水边界层的流速突增现象，但是，这些假设和简化与潮滩实际自然状况和动力条件还有较大差异，需针对潮滩坡度缓、宽度大的特点，研究潮滩极浅水边界层流速突增等特殊现象的分带差异性，探究极浅水边界层流速/含沙量突增现象的形成机理。

本章基于 2015 年 12 月多点位水动力泥沙同步联合观测结果，探究了极浅水时段流速/含沙量突增现象在潮滩不同高程的特征及其控制、影响因素。

5.1 极浅水时段水沙过程及流速剖面时空变化特征

2015 年 12 月 23—26 日的多点位同步联合观测共历时五个潮周期。各点位水深过程见图 5.1。S5 号点因高程较高，故只有水位较高的三个潮周期被仪器记录到有水淹没，且淹没时间很短，所以接下来的分析主要关注 S6 号点和 S7 号点的流速/含沙量过程。

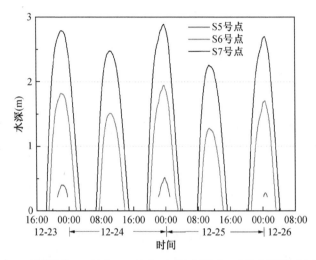

图 5.1　观测期间 S5 号点、S6 号点、S7 号点历时五个潮周期的水深过程

　　前两个潮周期属于试测阶段,后期对仪器的安装有所调整。正式的观测从 12 月 24 日晚上八点多开始,到 12 月 26 日凌晨结束,历时三个潮周期。图 5.2 为 S6 号点和 S7 号点两个观测站点在这三个潮周期中的水深和波浪过程。水深由波潮仪直接测量而得,特征波高(1/3 大波波高)由"小威龙"测得的高频流速提取而得。

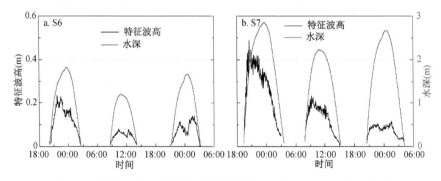

图 5.2　2015 年 12 月观测期间 S6 号点和 S7 号点的水深和特征波高

　　S6 号点和 S7 号点在观测期间的最大水深分别是 1.82 m 和 2.87 m,平均淹没时长分别为 6.15 h 和 7.9 h,S7 号点比 S6 号点的淹没时长为1.75 h。由于潮滩水深小,波浪衰减作用强烈,所以 S7 号点的波高明显大于

S6 号点。12 月 24 日晚上有寒潮来袭,向岸风很强,导致当晚的波浪是观测期间最大的,S7 号点的特征波高达 0.49 m。

S6 号点和 S7 号点床面以上 3 cm 层位的一分钟平均流速矢量过程见图 5.3。在图 5.3a—c 中,S6 号点的潮流显现出了很明显的落潮占优特性,最大落潮流速大于最大涨潮流速。S6 号点附近有一条大潮沟,落潮时,由于存在较大的水力坡度,滩面的水流向潮沟中汇聚,使得归槽水具有较大的流速。潮沟附近的水流方向在水深较小时也受到局部地形的影响,显现出不同于大范围涨、落潮水流的特性。

S7 号点的水动力与 S6 号点有显著的不同(图 5.3 d—f)。每个潮周期中,最大流速出现在涨潮初期,同样在落潮后期,流速也有显著提升,说明在这两个极浅水时段均出现了流速突增现象。相较于 S6 号点,S7 号点的流速更多地带有一些旋转流的特性,在整个潮周期过程中,流速不断改变方向,由涨潮初期的垂直于岸线方向转向平行于岸线向东南,憩流过后,流向由平行于岸线向西北逐渐转向垂直于岸线向海。由此可见,浅水时的潮滩水流流向受到局部地形的影响,与等高线几乎垂直;水深变大后,流向受到大范围潮流的控制,以南北向为主,几乎与岸线平行。

图 5.4 所示为 2015 年 12 月观测期间 S6 号点和 S7 号点的分层含沙量数据。由于 S6 号点的最大水深不足 2 m,因此安装在最顶层 2.5 m 高度处的 OBS 并没有记录到有效数据。S7 号点的含沙量显著高于 S6 号点,尤其是近底层含沙量。S6 号点在三个潮周期内床面以上 5 cm 处的平均含沙量为 0.95 kg/m³,S7 号点的则高达 2.26 kg/m³。在涨潮初期和落潮后期,每个潮周期都有显著的含沙量突增现象,近底 5 cm 层位和 25 cm 层位的 OBS 捕捉到了这一现象。同时在这些时段中,水体强烈紊动,水体中泥沙混合均匀。憩流时段,水体泥沙分层明显,表层含沙量下降,底层含沙量急剧升高。在此过程中,波浪起到了很重要的作用,此时的潮流流速几乎为零,波浪提供了全部的切应力。当波高较大时,憩流时段 5 cm 层位的含沙量通常也比较高。除此之外,在涨、落潮过程中,水体悬沙混合较均匀,特别是 S6 号点,其几个层位的含沙浓度差别不大,这可能与悬沙粒径较细且 S6 号点水深较小,有利于垂向泥沙混合有关。

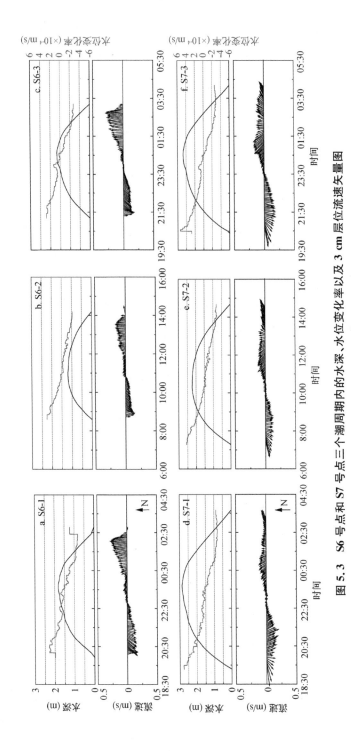

图 5.3 S6 号点和 S7 号点三个潮周期内的水深、水位变化率以及 3 cm 层位流速矢量图

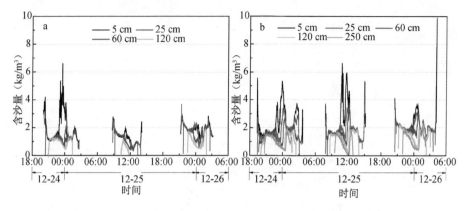

图 5.4　2015 年 12 月观测期间 S6 号点和 S7 号点分层含沙量图

5.2　极浅水时段流速/含沙量突增现象空间分布特征

　　S6 号点和 S7 号点滩面水深和流速/含沙量的关系曲线见图 5.5。两个点位三个潮次内初始床面之上 3 cm 层位的流速和含沙量突增过程的历时、最大流速、最大含沙量、水位变化率等关键参数统计于表 5.1 和表 5.2 中。S7 号点高程较低，位于潮间带下部（图 2.11）。观测期间，每个潮周期的极浅水时段（涨潮初期和落潮末期水深在 10 cm 量级的时段）都出现了流速突增的现象。涨潮初期的流速为整个潮周期中最大值，比涨急时的流速还要大。

表 5.1　2015 年 12 月三个潮次 S7 号点涨潮流速/含沙量突增现象参数统计表

潮次	历时[①] (min)	峰值流速[②]（m/s） ［水深（m）］	峰值流速 的流向（°）	峰值含沙量（kg/m³） ［水深（m）］	水位上升率[③] （×10⁻⁴ m/s）
S7-1	21	0.35［0.23］	263	6.13［0.11］	5.10
S7-2	23	0.26［0.14］	254	4.27［0.09］	4.26
S7-3	28	0.33［0.26］	258	4.66［0.08］	5.43
平均	24	0.31［0.21］	258	5.02［0.09］	4.93

　　注：①涨潮流速突增的历时从潮滩被淹没时刻算起，直到流速回落时刻结束；
　　　　②流速突增的峰值流速是流速突增阶段仪器记录到的最大流速，不包括潮滩刚被淹没但"小威龙"换能器还暴露在空气中的阶段；
　　　　③表中的水位上升率对应峰值流速发生时刻。

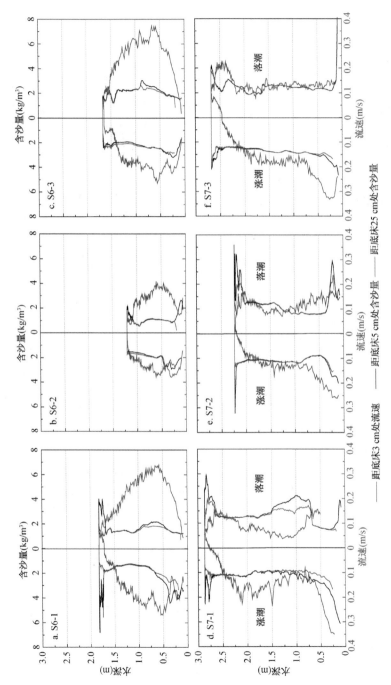

图 5.5　2015 年 12 月观测期间 S6 号点与 S7 号点三个潮周期水深和流速、水深和含沙量关系曲线图

从平均数据看,S7 号点的流速突增现象历时(从滩面被淹没时刻算起,到流速回落时刻结束)约 20 多分钟,期间的最大流速平均值为 0.31 m/s,流向 258°,朝向西南,几乎与岸线垂直。表中最大流速与最大含沙量发生时的水深并不相同。值得注意的是,最大含沙量出现在最大流速到来之前,这说明在测量到最大流速之前,涨潮前锋流速就已经大到足够起动床面泥沙,造成含沙量的急剧上升。而这之后,由于水深不断变大,水体中的含沙浓度被稀释,含沙量反而下降了。

位于潮间带中部的 S6 号点与 S7 号点明显不同。虽然涨潮初期 S6 号点仍然存在流速突增现象,但其量值小于 S7 号点,且期间的峰值含沙量的出现时机也不同于 S7 号点。从图 5.5 a—c 和表 5.2 中可见,流速突增阶段的峰值流速平均值大概为 0.21 m/s,出现在水深 24 cm 左右的时刻。由于 S6 号点"小威龙"的安装位置比较低(换能器约在初始床面以上 6 cm 处),极浅水时段流速突增过程中的加速和减速阶段相对比较完整地被记录了下来,因此表 5.2 中的峰值流速指的就是涨潮前锋的实际峰值流速。受到潮沟中涨潮流的影响,潮锋的流向是向南的。另外,值得注意的是,S6 号点极浅水时段的悬沙浓度峰值基本上与流速峰值同时出现,这表示也许只有峰值流速才能够起动滩面泥沙,导致水体含沙量升高。

表 5.2　2015 年 12 月三个潮次 S6 号点涨潮流速/含沙量突增现象参数统计表

潮次	历时 (min)	峰值流速(m/s) [水深(m)]	峰值流速的流向(°)	峰值含沙量(kg/m³) [水深(m)]	水位变化率 (×10⁻⁴ m/s)
S6-1	22	0.21 [0.17]	175	4.10 [0.21]	4.10
S6-2	23	0.18 [0.30]	180	2.94 [0.30]	2.94
S6-3	21	0.23 [0.25]	180	3.20 [0.25]	3.14
平均	22	0.21 [0.24]	178	3.41 [0.25]	3.39

有学者指出,水位变化率是导致流速/含沙量突增现象发生的重要因素[45, 155]。潮滩上水流局部流速受到连续性理论的控制,与水面上升或下降的速度正相关[51]。在每个潮周期的初始阶段,涨潮流潮锋的方向与当地等高线都是近乎垂直的,即与坡度方向保持一致,因此在这个阶段连续性

理论是适用的。图 5.3 中的蓝色实线为两个站点各潮周期内的水位变化率,可见在涨潮初期和落潮末期,水位变化率是最大的。并且水位变化率的大小基本决定了流速突增的量值。S7 号点三个潮周期内流速突增阶段的平均水位变化率为 4.93×10^{-4} m/s,大约是 S6 号点的 1.5 倍(表 5.1 和表 5.2),而 S7 号点的平均峰值流速也大约是 S6 号点的 1.5 倍。从总体来看,S6 号点、S7 号点前锋最大流速的大小与水位变化率正相关(图 5.6)。就某一个点位来说,水位变化率和流速峰值之间有一定的正相关关系,当水位上升率较大时,流速峰值也更大,如 S6-1 和 S6-2、S7-1 和 S7-2,但并没有严格遵循此规律,如 S6-1 和 S6-3、S7-1 和 S7-3,这可能与水流局部流向、风向等因素有关。

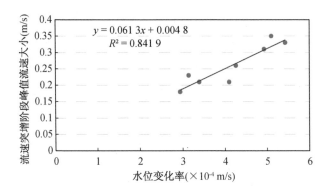

图 5.6　2015 年 12 月 S6 号点、S7 号点水位变化率与流速突增阶段最大流速关系图

5.3　潮沟与潮滩流速突增现象对比

以往的研究肯定了潮沟中流速突增现象的重要性:(1)它们常常发生在水位与滩面齐平的时候,也就是涨潮时潮沟中的水流开始漫滩以及落潮时滩面水归槽的时候;(2)它们的发生常常伴随着含沙量的同时突增,从而导致了较大的水沙通量。

潮沟和潮滩上的流速突增现象是不同的,具体体现在以下几个方面:首先,发生潜在机制是不同的。潮沟中的流速突增是由连续的水位变化与潮沟地形共同作用所致;而潮滩滩面上的流速突增现象与水位变化率和底部摩擦有关,在落潮后期,滩面反渗水也加强了流速。其次,由潮滩上流速突增引起的水沙输运要远小于潮沟。尽管潮滩有显著的含沙量突增,尤其是在涨潮初期,但此时水深较小,且该过程只维持了几分钟,所造成的水沙输运量只占到总输运量的一小部分。此外,流速突增引发的冲刷模式也是不同的。较大的流速和床面切应力令极浅水时段的潮沟中水流具有很强的侵蚀性,会引起潮沟壁的下切和潮沟的拓宽,这个过程有时甚至会伴随着边壁泥沙的整体塌落。因此,流速突增是促进潮沟发育,维持其形态的重要动力因素。然而在潮滩上,流速突增的水流温和许多,与潮沟中汇聚水流不同,它们没有受到地形的束缚,因此造成的冲刷效应相对较小,但对微地貌的影响范围很大,会影响到整个潮滩的床面粗糙度和近底水流结构。表 5.3 归纳了潮沟中与潮滩上流速突增现象的对比。

表 5.3　潮沟中与潮滩滩面上流速突增现象对比

对比内容	潮沟中的流速突增现象	滩面上的流速突增现象
发生时间	水位与滩面齐平时	涨潮初期和落潮末期
发生机制	水位变化和潮沟地形的综合作用	水位变化率和底部摩擦
对水沙输运的贡献	产生较大的水沙输运	对输运总量贡献较小
对微地貌的贡献	强烈冲刷	较温和,"雕刻"微地貌

5.4　本章小结

(1) 通过 2015 年冬季在江苏中部沿海潮滩的多点水沙同步观测发现,潮间带中部和下部在极浅水时期都有流速突增和含沙量突增的现象出现。潮间带下部的流速量级较中部大,平均历时 24 min,平均峰值流速为 0.31 m/s,发生水深约 21 cm,流速基本垂直于岸线方向;潮间带中部的流速突增现象平均峰值流速只有 0.21 m/s,受潮沟影响,其水流方向垂直于当地等高线。

(2) 在两个观测点位处,水位变化率在涨潮初期和落潮末期最大。水位变化率是涨潮初期流速峰值大小的主要影响因素,其他影响因素可能有水流局部流向、风向等。

（3）与前人研究较多的潮沟中流速突增现象相比，潮滩上流速突增现象的产生原理不同，量值较小，但存在普遍性和重复性，因此其对地貌和水沙输运的贡献不可忽略，具有重要的动力地貌研究价值。

第 6 章

极浅水时段动力地貌效应

潮滩环境下的动力地貌过程是近岸水动力（如潮流、波浪等）与潮滩泥沙、地貌之间的相互作用过程（如图 6.1 所示，摘自 Friedrichs，2011[51]）。

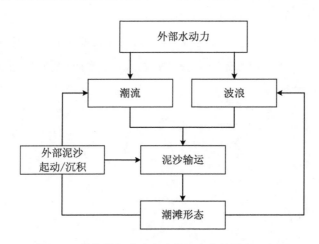

图 6.1　简化的潮滩动力地貌演变关键因素示意图

前文研究已经指出，在潮间带潮滩周期性出现的极浅水时段的水动力特征与深水时差别很大。虽然此时水深较小，但在潮间带特定位置出现的强烈潮锋现象伴有明显的高强度泥沙输运过程。由于直接测量非常困难，所以缺乏关于短历时的极浅水过程中泥沙的起动、悬浮和输运以及对地貌过程的影响的记录与研究，特别是定量的研究。相关动力地貌数值模拟也往往认为水深较小（小于临界水深）的极浅水时段对总的水沙输运贡献不大,故将其忽略。然而最新研究指出,水深小于 20 cm 的极浅水时段对床面冲刷的贡献量占床面总变形的 35%(Shi et al,2017),是不可忽略的动力地貌过程。

本章基于 2015 年 12 月在 S6 号点和 S7 号点的观测数据,围绕极浅水时段的水沙关系及其动力地貌效应展开讨论与研究。

6.1 泥沙特性分析及临界起动切应力测定

6.1.1 悬沙和底质泥沙特性

如前文所述,研究区域位于粉砂淤泥质潮滩潮间带光滩,底质粒径由陆向海呈现出明显的分带性,同一地点中值粒径会随季节水动力变化产生一定变化。在露滩阶段,潮间带滩面往往露出大片的小波痕(图 6.2)。由于潮滩处在周期性的出露和淹没中,故滩面泥沙含水量较高。S6 号点的淤泥含量较高,人行走时滩面会略微变形,如果人长期站立滩面则下陷严重。S7 号点附近泥沙密实度较大,承重能力稍强,人行走时感觉沙纹硌脚,所以被当地人称为"铁板沙"。

图 6.2　潮间带潮滩露滩时刻遍布不对称小波痕

2015 年冬季观测期间,S6 号点、S7 号点的平均悬沙和底沙级配及相关参数如表 6.1 及图 6.3 所示。

表 6.1　2015 年观测期间 S6 号点、S7 号点平均悬沙和底质参数

点位	泥沙位置	中值粒径 (μm)	分选系数	黏土占 比（%）	粉砂占 比（%）	砂占比 （%）
S6	悬沙	9.49	1.42	19.84	78.49	1.67
	底质表层	22.10	1.76	12.50	68.30	19.20
S7	悬沙	9.27	1.43	20.37	78.04	1.59
	底质表层	26.30	1.59	8.90	70.20	20.90

注：悬沙参数为每个点位三个潮周期所取表、中、底层悬沙水样的平均值。

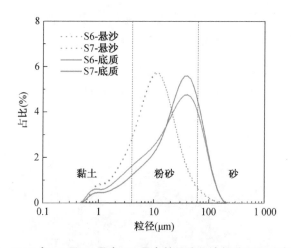

图 6.3　2015 年 12 月 S6 号点、S7 号点的平均悬沙级配和平均底质级配

　　S6 号点和 S7 号点所在的潮间带中下部滩面表层泥沙以粉砂为主，2015 年冬季观测期间，S6 号点和 S7 号点底质中值粒径分别为 22.1 μm 和 26.3 μm，由陆向海有粗化趋势。S6 号点底质黏土含量更高，粉砂和砂含量较低。S6 号点和 S7 号点的悬沙级配相差不大，均为 10 μm 量级。相比于底质而言，悬沙中砂的含量只有 1.6% 左右，黏土和粉砂的含量分别占 20% 和 78% 左右，与底质组成相差很大。另外，不管是悬沙还是底质泥沙，分选性都较差。

6.1.2　泥沙起动切应力测定

　　潮滩现场泥沙临界起动切应力的确定一直较为困难，这是由于现场底质为混合砂且受到周期性潮流的作用,不同层位泥沙的固结程度有所不同。实验室试验测量底部切应力的方法较为简单,但一般会扰动原样沙,结果的准确性具有一定争议。运用现场原位装置测量临界起动切应力的方法在不断地开发中,各种形状的现场观测装置,如直槽状、圆筒状、环形水槽状等装置,在不同环境的潮滩上有所应用。

本着探索的目的,作者于 2015 年冬季采用实验室试验的方法测量了底沙的临界起动切应力,后于 2016 年夏季采用现场原位观测小装置观测了现场泥沙临界起动切应力。虽然两个季节的底质组成有所变化,但通过对比中值粒径和级配曲线,发现组成差别不大,因此切应力结果的对比有一定的意义和参考价值。本节将介绍以上两种测量临界起动切应力的方法,并对其结果进行分析。

(1) 实验室环形水槽的临界起动切应力测试

于 2015 年 12 月现场观测期间采集各点位土样(图 6.4),进行实验室环形水槽试验以确定底质的临界起动切应力。

图 6.4　2015 年 12 月现场采集土样

采用河海大学实验室的 D280 环形水槽(图 6.5)。该水槽尺寸为 280 cm(外径)×240 cm(内径)×50 cm(水深)。环形水槽中线处的垂线流速分布呈 S 形,流速仅在边界范围内有较大梯度,在离剪力环和环形槽较远的流场中心区域分布均匀。流速沿水槽径向呈线性分布,由外壁向内壁递减,使得环形水槽各断面的流速分布相同,可以模拟无限长的直水槽。环形水槽在水深 30 cm 情况下各级转速对应的底部切应力已有率定[156]。

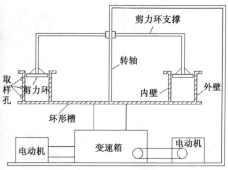

图 6.5　环形水槽实物图和结构示意图

现场采集的沙样首先以均匀沉降的方式平铺于环形水槽内。均匀沉降指环形槽以 88.2 cm/s 的转速高速旋转,将底部泥沙全部悬扬,达到稳定状态后,再降速至 0,泥沙在静水条件下沉积,最终形成均匀床面。

泥沙临界起动切应力的试验自静止床面开始,按上述水动力条件逐级增加流速,运用肉眼观察泥沙在床面上的起动过程。按照克雷默(H. Kramer)提出的分级泥沙起动标准,泥沙起动程度分为:无泥沙运动、轻微泥沙运动、中等强度泥沙运动、普遍泥沙运动。将中等强度泥沙运动规定为起动标准是应用较为广泛的一种定性标准。

通过试验观察到,在水深 30 cm 条件下,当环形水槽转速为 19.6 cm/s 时,泥沙处于中等强度泥沙运动,按这个标准确定的泥沙临界起动切应力约为 0.1 Pa。

(2) 原位临界起动切应力测试

由于环形水槽试验采用的是全部扰动后重新沉降的现场非均匀沙,泥沙的固结度、含水量、组合方式均与现场原样沙有所不同,所以所测得的临界起动切应力结果的可用性有待验证。为更准确地测定现场原样沙的临界起动切应力,作者于 2016 年夏季在相同的地点采用陈欣迪等[157]发明的一种可同时应用于实验室和潮滩现场的泥沙冲刷起动测量系统(图 6.6),进行原位临界起动切应力测试。

该测量系统应用于潮滩现场时(图 6.7),需将直径为 30 cm 的无底圆筒插入滩面。为控制筒内悬浮物的总量且消除中心区域不良水流结构的

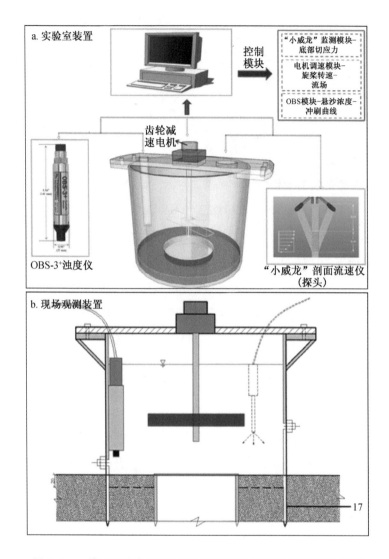

图 6.6　一种可同时应用于实验室和潮滩现场的泥沙起动测量系统

影响,在滩面底部中心安装了一个直径 14 cm 的圆筒遮挡住一部分滩面,形成一个环形冲刷区域。用极缓的速度向圆筒内注入清水至 20 cm 高度,以保证注水过程不会扰动滩面泥沙。

测定过程中,螺旋桨从速度 0 开始逐级递增,通过转桨的转动在底部的环形区域内形成较为均匀的切应力[158](图 6.8)。同步用 OBS 测量桶内

图 6.7 原位切应力起动装置现场照片

的含沙量,保持某一级转数至少 2 min,以保证筒内含沙量在某一级转速下能达到一个稳定的状态。

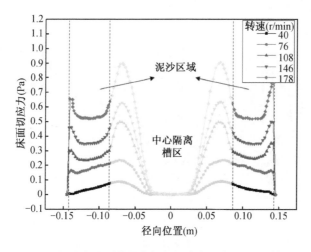

图 6.8 现场切应力观测装置内径向切应力分布(Fluent 模拟结果)

贴近环形冲刷区的切应力于实验室采用"小威龙"剖面流速仪进行率定。率定方法:使用"小威龙"测量在不同转速下由电机驱动的螺旋桨引起的水流流速的大小,"小威龙"探头安装高度为距离底部 7 cm,采样频率为25 Hz,螺旋桨安装高度为距离底部 10 cm,水槽内注水 20 cm 深。记录下每级转速对应的时间,采用 TKE 方法求解现场切应力测量装置底部水流引起的切应力。率定结果见图 6.9。

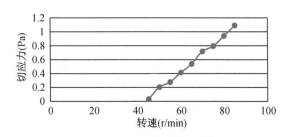

图 6.9 小装置切应力率定结果

临界起动切应力的确定采用回归曲线法[159]。将切应力与其对应的含沙量做回归曲线,环境含沙量对应的切应力即为临界起动切应力。因为此处采用的是电流值,电流值和含沙量呈线性关系,所以此方法依然可行,环境电流值对应的切应力即为临界起动切应力。回归曲线如图 6.10 所示。确定临界起动切应力为 0.33 Pa。

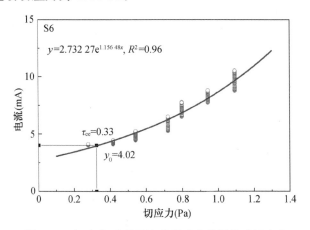

图 6.10 切应力-电流回归曲线确定临界起动切应力

试验测试位于 S6 号点,底质的中值粒径为 25.3 μm,与冬季类似,所以测试结果具有一定的参考价值。

该小装置便于携带,在粉砂淤泥质潮滩上安装简单,使用方便,此次应用是一次较为成功的尝试。但其缺点也很明显,当旋桨转速较大时,会形成较大的垂向和径向分量,水流结构较为混乱,泥沙不仅仅是在单纯的水平切应力下起动的。因此,需要进一步开发具有平稳水流结构的现场临界起动切应力观测装置。

6.2 极浅水时段悬沙输沙通量

单位时间内的单宽悬沙输沙率 q 通常采用积分计算：

$$q = \int_0^h ucdz \qquad (6.1)$$

式中：q 为单位时间内单宽悬沙输沙率；u 为垂向流速分布；c 为垂向悬沙分布；h 为水深。

基于现场采集的分层流速和悬沙数据，可将上式近似，采用分层加和计算：

$$q = \sum_0^n u_i c_i h_i \qquad (6.2)$$

式中：u_i 为第 i 层平均流速；c_i 为第 i 层平均含沙量；h_i 为第 i 层层厚；n 为总层数。

计算中、近底分层流速时采用"小威龙"采集的近底高分辨率流速数据，计算上层流速时采用"阔龙"获取的分层流速数据。分层含沙量数据来自不同层位的 OBS 数据。一定时间内的悬浮泥沙通量为单位时间内悬沙输沙率的总和。这里分别计算了流速突增、涨潮及落潮期间悬浮泥沙通量，并估算了流速突增现象对于 S7 号点悬沙输运的贡献。

悬沙输运的方向与流速方向一致，如图 6.11 所示。垂直于岸线方向的正值表示向岸净输运，平行于岸线方向的正值表示西北向沿岸净输运。计算结果如表 6.2 所示。

表 6.2 2015 年 12 月 S7 号点不同阶段垂直于岸线与平行于岸线悬沙通量

潮次	垂直于岸线悬沙通量(t/m)				平行于岸线悬沙通量(t/m)			
	流速突增阶段	涨潮阶段	落潮阶段	比例(%)	流速突增阶段	涨潮阶段	落潮阶段	比例(%)
S7-1	0.51	1.98	−2.13	25	−0.06	−15.86	18.47	0.36
S7-2	0.38	3.39	−0.04	11	−0.05	−7.44	14.21	0.71
S7-3	0.73	8.35	−1.03	8	−0.005	−9.58	17.83	0.05

注：表中悬沙通量为单宽悬沙通量。

图 6.11 悬沙输沙计算方向示意图

由于极浅水时期的流速几乎垂直于岸线方向(图 5.3 d—f),因此这个阶段的悬沙输运在垂直于岸线的方向上贡献较多。在平行于岸线的方向上,极浅水时段对悬沙输运的贡献较小(小于 1%)。如表 6.2 所示,在垂直于岸线的方向上,涨潮初期流速突增阶段的单宽输沙量在 0.38~0.73 t 之间,而涨潮阶段总的单宽悬沙通量为 1.98~8.35 t,前者占涨潮期间向岸输运量的 8%~25%,平均值在 15% 左右。从历时上看,涨潮初期的流速突增现象平均持续 24 min,只占到整个涨潮历时的 10% 左右。考虑到涨潮初期水深很小,由此证明了极浅水时期薄层水流较强的泥沙输运能力。强烈紊动的潮锋水体挟带泥沙向潮间带中部和上部输运,是导致泥沙在上部淤积的潜在因素。

由于 ADCP 记录的 S6 号点数据质量不好,获取的整个水层的流速剖面不完整,所以悬沙输运量在这里没有计算。S6 号点流速和含沙量突增的量级相比于 S7 号点小很多,因此推测 S6 号点流速突增现象对整个悬沙输运的贡献量也会远小于 S7 号点。

6.3 极浅水时段水沙响应过程

6.3.1 泥沙再悬浮过程

在动力地貌研究中,水动力作用下泥沙的再悬浮、输运与沉降过程和地貌演变息息相关(图 6.1)。再悬浮/沉降和对流输沙对地貌演变的影响不同,再悬浮或沉降会引起局部床面冲刷;对流输沙则是随水体水平输运从别处来的悬沙,对局部床面塑造影响很小。由于细颗粒泥沙有易于起动、难于沉降的特性,故水体中往往保持有较大的背景悬沙,也就是说其对流输沙距离很长。在某一点测量到的含沙量过程与水动力之间的响应关系并不明显。

在极浅水水沙特性的现场观测中,记录到几乎在每个潮周期的开始和结束阶段,尤其是涨潮初期的极浅水时段,近底层都出现了短时间高浓度的含沙量峰值。上一小节也提到,流速突增阶段对向岸悬沙输运的贡献不可小觑。如此高浓度的悬浮泥沙是薄层水流从其他地方输运过来的还是从当地的床面悬浮起来的,这对于明确极浅水流速突增现象的动力地貌效应有重要意义。

为了探究这一问题,首先建立水流流速(3 cm 层位)和垂线平均含沙量的关系(图 6.12)。垂线平均含沙量在物理意义上是指单宽垂向平均输沙量,即单位时间内、单位宽度上,通过某一水柱泥沙量的垂向平均值,是一个被忽略掉方向的矢量,是研究悬移质输沙率和水流挟沙能力的基础。当上游来沙条件不变,且水体的含沙量与水动力强度呈现出良好正相关关系时,表明再悬浮现象明显。潮周期中的不同时期在图中采用不同颜色表示,以便更直观地研究各阶段水动力和悬沙之间的关系。

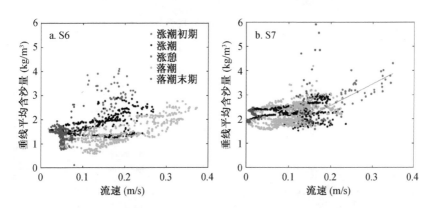

图 6.12 S6 号点和 S7 号点水流流速和水深平均含沙量关系图

从整体来看,涨、落潮过程中的流速范围变化很大,但除涨潮初期和落潮末期外,垂线平均含沙量基本在一定范围内波动,较高的含沙量出现在涨潮初期和落潮末期的极浅水时段。S6 号点涨潮初期垂线平均含沙量较高,但与流速之间无明显相关关系(图 6.12a),S7 号点涨潮初期流速突增阶段近底流速与沿水深的平均含沙量之间存在显著的正相关关系(图 6.12b,图中红色实线为线性拟合线),拟合关系式为:SSC = 8.806 1V + 0.795 2(SSC 为垂线平均含沙量,V 为 3 cm 层位流速),相关系数达 0.8。说明垂线平均含沙量对水动力响应明显,此时由于水动力的作用,造成了强烈的滩面泥沙再悬浮,引起含沙量的突增。

从另一个角度,建立了水体总含沙量变化与床面高程变化之间的关系(图 6.13),以探究不同时期床面再悬浮泥沙对水体含沙量的贡献。图中,红色表示涨潮初期的关系点,灰色表示其他时期的关系点。变化值为一分钟差值,床面变化值为正表示床面淤积,为负表示床面冲刷;含沙量变化值为正表示含沙量增加,为负表示含沙量降低。S6 号点和 S7 号点再次出现了明显的差异。S6 号点(图 6.13a)中红色圆点主要集中在纵坐标轴附近,涨潮初期总含沙量有所上升,但床面变形量很小,说明含沙量上升的同时,底沙并没有持续起动,床面没有持续冲刷。S7 号点(图 6.13b)中红色圆点大多聚集在第四象限,表明在这个阶段床面高程下降,床面泥沙被冲刷,水中悬浮物总量上升,是再悬浮过程的另一个重要证据。

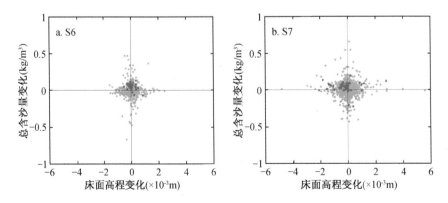

图 6.13　S6 号点和 S7 号点床面高程变化与水体总含沙量变化关系图

　　相较而言,S6号点的含沙量虽然也存在明显的突增现象,但其含沙量和流速之间没有明确的响应,这说明该阶段床沙不是主要的悬沙来源。那么水体中的高浓度悬沙究竟从何而来呢? 根据露滩时在现场拍摄到的滩面细节图(图6.14),发现潮滩表层覆盖了一层薄薄的松散的浅色泥沙。图中可见颜色略浅的是从上个潮周期留下的悬沙质,颜色略深的是底质。这些上个潮周期遗留下来的悬沙质,有着较细的粒径和很低的固结度,细微的水流扰动就可以将它们悬浮起来。在S6号点,小沙纹的表面几乎全部被覆盖;在S7号点,只有沙纹的波谷处有部分悬沙质被积水"围困"留了下来。

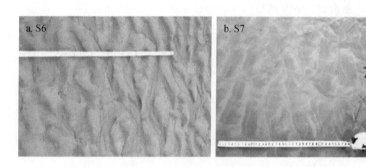

图6.14　S6号点和S7号点现场拍摄的滩面微地貌照片

　　根据采集到的底沙和涨潮过程中的底部悬沙粒径,也可以看出S6号点和S7号点泥沙来源的不同(图6.15)。图中,红色实线和蓝色实线分别为涨潮初期和涨急前后水体底部悬沙的级配曲线。S6号点涨潮初期和涨急前后的悬沙级配曲线几乎一致,均与底沙有较大的区别;S7号点涨潮初期的悬沙级配与底沙有较多重合,与涨急前后的悬沙级配有明显区别。

　　据此推测,S6号点涨潮潮流前锋时期的高含沙浓度部分是由这些残留悬移质的再悬浮造成的,它们数量有限,被起动后进入水体,并随之发生水平输运。然而水流强度并不足以继续起动床沙,所以含沙量在某一个流速下突然增加,但流速和含沙量之间没有呈现出明显的相关关系。

　　在涨潮初期的极浅水时段,水体的高含沙量现象不仅仅是由单一原因造成的,虽然S7号点的再悬浮是主要的水沙动力过程,但一部分的悬沙还

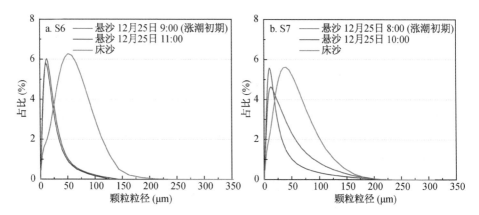

图 6.15　S6 号点和 S7 号点悬沙和底沙颗粒级配曲线图

是对流输沙,是由前锋水体从下部潮滩带上来的。从图 6.12 中可以发现,两个点位在流速较小时,水体中也都保持有一定的含沙浓度。这里将流速小于 0.3 m/s 时的水深平均含沙量定义为背景含沙量,那么 S6 号点和 S7 号点的背景含沙量分别是 1.6 kg/m³ 和 2.3 kg/m³。这是由于在潮水由 S7 号点向 S6 号点传播的过程中,动力减弱,部分泥沙落淤,背景含沙量也相应减少。

在 2015 年 12 月的观测过程中,波浪的作用是不可忽略的。一般来说,潮流对水体泥沙的垂向混合和水平输运作用较大;波浪则对泥沙再悬浮贡献较大[151]。有学者指出,在非风暴期间,波浪的存在可能会引起床面的强烈冲刷[56]。

为探究波浪在极浅水流速/含沙量突增的动力地貌效应中起到的作用,在表 6.3 中统计了 2015 年 12 月观测的三个潮周期中两个点位的床面高程及其变化,以及由潮流、波浪、波流共同作用引起的床面切应力(表中方括号对应极浅水流速突增阶段的数据)。

S6 号点的三个潮周期中,除第一个潮周期外,另外两个潮周期有轻微的淤积趋势。S6 号点位于潮间带中部,其流速和含沙浓度都低于 S7 号点,淤积可能是泥沙水平输运和延迟效应的结果[51]。在极浅水的流速突增阶段,S6 号点各个潮周期床面高程都有所增加,期间的最大潮流切应力在

表 6.3　2015 年 12 月观测期间 S6 号点、S7 号点各个潮周期床面相对高程、变形及切应力（潮流切应力、波浪切应力和波流共同作用下的切应力）统计

点位和潮次	潮周期初始床面高程（mm）	潮周期结束床面高程（mm）	床面高程变化（mm）[涨潮流速突增阶段]	τ_c 最大值（N/m²）[涨潮流速突增阶段]	τ_w 最大值（N/m²）[涨潮流速突增阶段]	τ_{max} 最大值（N/m²）[涨潮流速突增阶段]
S6-1	0	-3.18	-3.18 [+2.80]	1.31 [0.32]	0.27 [0.08]	1.35 [0.36]
S6-2	-4.73	-2.07	+2.66 [+0.35]	0.63 [0.28]	0.12 [0.07]	0.68 [0.35]
S6-3	-3.83	-0.50	+3.33 [+0.67]	1.75 [0.31]	0.15 [0.07]	1.78 [0.34]
S7-1	0	-7.04	-7.04 [-8.34]	1.19 [1.19]	0.60 [0.36]	1.39 [1.39]
S7-2	-4.84	+1.92	+6.76 [-3.05]	0.62 [0.62]	0.26 [0.24]	0.76 [0.76]
S7-3	+0.87	-4.32	-5.19 [-1.94]	0.75 [0.75]	0.15 [0.14]	0.82 [0.82]

注：表中的床面高程是指相对于初始床面的相对高程；初始床面高程设定为 0。

0.28～0.32 N/m²之间，最大波浪切应力在0.07～0.08 N/m²之间，最大综合切应力也只有0.34～0.36 N/m²，波浪和潮流作用都比较弱，不足以起动床面泥沙。这也再次说明了在极浅水时段，S6号点的流速突增现象是不具有侵蚀性的，其含沙量突增现象是表层悬沙质和对流输沙的共同结果。

S7号点的情况则大不相同，波浪的再悬浮效应得到了很好的体现。通常来说，波高的发展会受到水深的限制，但是当水深较小时，波浪沿水深衰减较少，反而能更多地作用于床面泥沙。因此，虽然极浅水的时期水深只有10～20 cm，波高也比较小，但波浪的作用仍然很明显。三个潮周期中，第二个潮周期的床面高程变化比较值得注意，在整个潮周期中，潮滩呈现淤积的趋势，而涨潮初期的滩面高程仍然有所下降。与第三个潮周期相比，尽管第二个潮周期的潮流作用比较弱（0.62 N/m² vs. 0.75 N/m²），但由于波浪作用较大（0.24 N/m² vs. 0.14 N/m²），反而带来了更多的冲刷（－3.05 mm vs. －1.94 mm）。可见，虽然整个潮周期的滩面变形更多地与潮流的强弱相关，但是波浪会更多地影响极浅水时期的再悬浮过程。

总的来说，潮间带下部涨潮前期的流速突增现象是具有侵蚀性的，这引起了滩面泥沙的再悬浮和床面变形，因此其重要性毋庸置疑。通过本章的研究可知，研究区域悬沙的主要来源是对流输沙，那么极浅水时段的流速突增无疑会带来一个床沙和悬沙交换的重要时机；而在潮间带中部，流速突增现象非常温和，不能造成滩面的冲刷，其对应的含沙量突增现象是表层悬沙质悬浮和对流输沙的共同结果。

6.3.2　微地貌形态塑造过程

前文的研究肯定了涨潮前期流速突增现象的再悬浮作用及其在向岸输沙量中的贡献。落潮后期有时也存在流速的增加现象，如S6号点及S7号点的第二个潮周期（图5.5b和e）。S7号点第一个潮周期并没有观测到20 cm以下水深的流速，但从这之前的流速看，落潮末期流速也有增大的趋势；从含沙量看，几乎每个潮周期末期S7号点的底层含沙量都有增加（图5.5d—f）。

落潮末期流速突增与涨潮初期流速突增的发生机理不同，滩面归槽水、反渗水以及表面风应力的作用对落潮后期薄层水流的流速有较大贡献,有时降雨也会对滩面微地貌的形态造成较大影响。在仪器出露以后、滩面出露之前的时间段内,水深小于 10 cm,作用时间为 5~10 min,这段极浅水时期反而是水流最容易受到上述因素影响而搬运泥沙的阶段。

落潮后期的薄层低速水流具有改造床面沙纹形态的能力。前文中提到,潮间带中部的滩面往往存在着大片的小波痕(图 6.2),这是落潮流作用的产物,陡坡一般指向落潮流方向。在 2015 年的现场观测中发现了一些形态高度不对称的小沙纹(图 6.16),波长普遍为5~10 cm,波高为 1 cm 左右。其形态不对称十分明显,缓坡侧相比于陡坡侧较长,沙纹顶部非常平缓,具有极浅水沙纹的特征形态。有学者曾提出,落潮末期的薄层水流可以将小波痕顶部削平,形成浅水波痕,在某些特定条件下最终会演变为平床[20](图 6.17 c—e)。

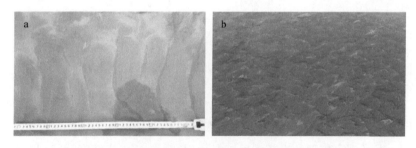

图 6.16 2015 年 12 月观测期间在潮间带中下部潮滩表面观察到的小波痕

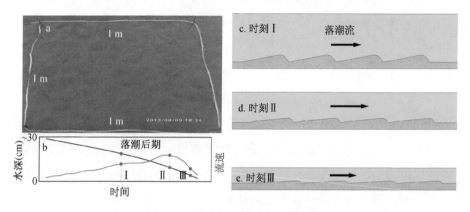

图 6.17 浅水沙纹演变过程示意图

事实上,落急以后的水深持续减小,流速也有减小趋势,水层被压缩,水流挟沙能力下降,泥沙趋于落淤,正是落潮沙纹形成的时期。落潮后期的流速突增使得水流综合切应力超过了滩面泥沙的临界起动切应力(图6.18b)。而且在潮滩未出露之前,沙纹的密实度较低,搬运泥沙所需的水流流速要小于光滩的泥沙临界起动切应力,是浅水沙纹形态塑造的关键时期。

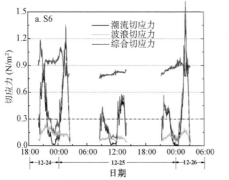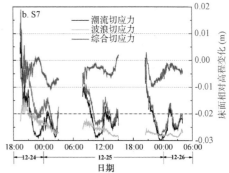

图 6.18　S6 号点、S7 号点切应力过程及床面变形过程

极浅水对微地貌的作用是肯定的,但由于贴近滩面处的水动力和泥沙条件很难进行观测,所以水动力与微地貌之间的相互作用仍然需要进一步研究。现场观测仪器的迅速发展正在使得高分辨率、高精度的数据采集成为可能。相关研究也将惠及数值模拟,使得相关的水动力地貌过程能够更好地被抽象为数学模型。

6.4　本章小结

(1)采用环形水槽测得的泥沙临界起动切应力(0.1 Pa)与现场原位观测结果(0.33 Pa)有较大的差别。这是由于环形水槽方法扰动了原样沙,重新均匀沉降的泥沙与现场沙的组合方式、密实度的差异大大减小了临界起动切应力的值。因此原位观测泥沙临界起动切应力很有必要。

(2)涨潮初期流速突增阶段的水深虽小,但对于垂直于岸线方向的输沙作用不可忽略。占涨潮总历时 10％的流速突增阶段内的向岸输沙量达到了涨潮期间总输沙量的 8％～25％，且此时水深较小，水流的输沙能力较大。

（3）对于流速突增量值较大的潮间带下部区域，由极浅水时期大流速能造成的有效再悬浮是含沙量突增的主要原因；对于流速突增量值较小的潮间带中部区域，极浅水时期的含沙量峰值主要是由对流输沙和滩面滞留沙的起扬造成的。

（4）落潮后期的薄层水流能引起有效的泥沙输运，能逐渐削平沙纹形态，是浅水沙纹形成的重要时期。

参考文献

[1] 龚政，靳闯，张长宽，等. 江苏淤泥质潮滩剖面演变现场观测[J]. 水科学进展，2014，25(6)：880-887.

[2] 靳闯，龚政，李欢，等. 江苏海岸潮滩地面和地下过程现场观测[C]//中国海洋工程学会. 第十六届中国海洋(岸)工程学术讨论会(下册). 北京：海洋出版社，2013：884-892.

[3] Carling P A, Williams J J, Croudace I W, et al. Formation of mud ridge and runnels in the intertidal zone of the Severn Estuary, UK[J]. Continental Shelf Research, 2009, 29(14)：1756.

[4] Williams J J, Carling P A, Amos C L, et al. Field investigation of ridge-runnel dynamics on an intertidal mudflat[J]. Estuarine, Coastal and Shelf Science, 2008, 79(2)：213-229.

[5] Kleinhans M G, Schuurman F, Bakx W, et al. Meandering channel dynamics in highly cohesive sediment on an intertidal mud flat in the Westerschelde Estuary, the Netherlands[J]. Geomorphology, 2009, 105(3-4)：261-276.

[6] Mariotti G, Fagherazzi S. Asymmetric fluxes of water and sediments in a mesotidal mudflat channel[J]. Continental Shelf Research, 2011, 31(1)：23-36.

[7] Mariotti G, Fagherazzi S. Channels-tidal flat sediment exchange：The channel spillover mechanism[J]. Journal of Geophysical Research：Oceans, 2012, 117(C3)：C03032.

[8] Bassoullet P, Le Hir P, Gouleau D, et al. Sediment transport over an intertidal mudflat：Field investigations and estimation of fluxes within the "Baie de Marenngres-Oleron"(France)[J]. Continental Shelf Research, 2000, 20(12-13)：1635-1653.

［9］ Gouleau D，Jouanneau J M，Weber O，et al. Short- and long-term sedimentation on Montportail-Brouage intertidal mudflat，Marennes-Oléron Bay（France）［J］. Continental Shelf Research，2000，20(12-13)：1513-1530.

［10］陈君，张长宽，林康，等. 江苏沿海滩涂资源围垦开发利用研究［J］. 河海大学学报（自然科学版），2011(2)：213-219.

［11］袁汝华，张长宽，林康，等. 江苏滩涂围区功能及产业布局分析［J］. 河海大学学报（自然科学版），2011(2)：220-224.

［12］张长宽，陈君. 江苏沿海滩涂资源开发与保护［C］//中国海洋工程学会. 第十五届中国海洋（岸）工程学术讨论会论文集（中）.北京：海洋出版社，2011：443-446.

［13］任美锷. 中国淤泥质潮滩沉积研究的若干问题［J］. 热带海洋，1985(2)：6-14＋99.

［14］江苏省908专项办公室。江苏近海海洋综合调查与评价总报告［M］. 北京：科学出版社，2012.

［15］杨桂山. 中国海岸环境变化及其区域响应［D］. 南京：中国科学院研究生院（南京地理与湖泊研究所），2001.

［16］郝嘉凌. 河口海岸近底层水流结构及摩阻特性研究［D］. 南京：河海大学，2006.

［17］汪亚平，高抒，贾建军. 海底边界层水流结构及底移质搬运研究进展［J］. 海洋地质与第四纪地质，2000(3)：101-106.

［18］王元叶. 长江口近底边界层观测研究［D］. 上海：华东师范大学，2004.

［19］Hsu T-J，Chen S-N，Ogston A S. The landward and seaward mechanisms of fine-sediment transport across intertidal flats in the shallow－water region—A numerical investigation［J］. Continental Shelf Research，2013，60，Supplement：S85-S98.

［20］高抒. 极浅水边界层的沉积环境效应［J］. 沉积学报，2010(5)：926-932.

［21］Nielsen P. Coastal bottom boundary layers and sediment transport［M］. Singapore：World Scientific，1992.

［22］李占海，高抒，陈沈良. 江苏大丰潮滩潮流边界层特征研究［J］. 海洋工程，2007(3)：53-60.

［23］李占海. 江苏大丰潮滩沉积动力过程研究［D］. 上海：华东师范大学，2005.

［24］Dyer K R. Current velocity profiles in a tidal channel［J］. Geophysical Journal

International，1971，22(2)：153-161.

［25］ Whitehouse R J S，Bassoullet P，Dyer K R，et al. The influence of bedforms on flow and sediment transport over intertidal mudflats［J］. Continental Shelf Research，2000，20(10-11)：1099-1124.

［26］ 陈才俊. 江苏中部海堤大规模外迁后的潮水沟发育［J］. 海洋通报，2001(06)：71-79.

［27］ 燕守广. 江苏淤长型淤泥质潮滩上潮沟的发育与演变［D］. 南京：南京师范大学，2002.

［28］ Fagherazzi S，Mariotti G. Mudflat runnels：Evidence and importance of very shallow flows in intertidal morphodynamics［J］. Geophysical Research Letters，2012，39(14)：L14402.

［29］ Dyer K. Preface［J］. Continental Shelf Research，2000，20(10-11)：1037-1038.

［30］ O Brien D J，Whitehouse R J S，Cramp A. The cyclic development of a macrotidal mudflat on varying timescales［J］. Continental Shelf Research，2000，20(12-13)：1593-1619.

［31］ Fagherazzi S，FitzGerald D M，Fulweiler R W，et al. 12.12 Ecogeomorphology of Salt Marshes［J］. Treatise on Geomorphology，2013，12：182-200.

［32］ Lovelock C E，Bennion V，Grinham A. The Role of Surface and Subsurface Processes in Keeping Pace with Sea Level Rise in Intertidal Wetlands of Moreton Bay，Queensland，Australia［J］. Ecosystems，2011，14(5)：745-757.

［33］ Wang Y P，Gao S，Jia J J，et al. Sediment transport over an accretional intertidal flat with influences of reclamation，Jiangsu coast，China［J］. Marine Geology，2012，291-294：147-161.

［34］ Wei W，Dai Z-J，Mei X-F，et al. Shoal morphodynamics of the Changjiang (Yangtze) Estuary：Influences from river damming，estuarine hydraulic engineering and reclamation projects［J］. Marine Geology，2017，386：32-43.

［35］ 郭磊城，何青，Dano ROELVINK，等. 河口海岸中长时间尺度动力地貌系统模拟研究与进展［J］. 地理学报，2013(9)：1182-1196.

［36］ Quaresma V D，Bastos A C，Amos C L. Sedimentary processes over an intertidal flat：A field investigation at Hythe flats，Southampton Water (UK)［J］. Marine Geology，2007，241(1-4)：117-136.

［37］ Christiansen C, Vølund G, Lund-Hansen L C, et al. Wind influence on tidal flat sediment dynamics: Field investigations in the Ho Bugt, Danish Wadden Sea[J]. Marine Geology, 2006, 235(1-4): 75-86.

［38］ Shi B-W, Yang S L, Wang Y P, et al. Role of wind in erosion-accretion cycles on an estuarine mudflat[J]. Journal of Geophysical Research: Oceans, 2017, 122(1): 193-206.

［39］ Zhu Q, van Prooijen B C, Wang Z B, et al. Bed-level changes on intertidal wetland in response to waves and tides: A case study from the Yangtze River Delta[J]. Marine Geology, 2017, 385: 160-172.

［40］ 徐元, 王宝灿. 淤泥质潮滩潮锋的形成机制及其作用[J]. 海洋与湖沼, 1998(2): 148-155.

［41］ 徐元, 王宝灿, 章可奇. 上海淤泥质潮滩潮锋作用及其形成机制初步探讨[J]. 地理研究, 1994(3): 60-68.

［42］ Wang Y P, Zhang R S, Gao S. Velocity variations in salt marsh creeks, Jiangsu, China[J]. Journal of Coastal Research, 1999, 15(2): 471-477.

［43］ Pethick J S. Velocity surges and asymmetry in tidal channels[J]. Estuarine and Coastal Marine Science, 1980, 11(3): 331-345.

［44］ Boon J. Tidal discharge asymmetry in a salt marsh drainage system[J]. Limnology and Oceanography, 1975, 20(1): 71-80.

［45］ Zhang Q, Gong Z, Zhang C-K, et al. Velocity and sediment surge: What do we see at times of very shallow water on intertidal mudflats? [J]. Continental Shelf Research, 2016, 113: 10-20.

［46］ Le Hir P, Roberts W, Cazaillet O, et al. Characterization of intertidal flat hydrodynamics[J]. Continental Shelf Research, 2000, 20(12-13): 1433-1459.

［47］ Bayliss-Smith T P, Healey R, Lailey R, et al. Tidal flows in salt marsh creeks[J]. Estuarine and Coastal Marine Science, 1979, 9(3): 235-255.

［48］ Nowacki D J, Ogston A S. Water and sediment transport of channel-flat systems in a mesotidal mudflat: Willapa Bay, Washington [J]. Continental Shelf Research, 2013, 60, Supplement: S111-S124.

［49］ French J R, Stoddart D R. Hydrodynamics of salt marsh creek systems: Implications for marsh morphological development and material exchange[J].

Earth Surface Processes and Landforms, 1992, 17(3): 235-252.

[50] Healey R G, Pye K, Stoddart D R, et al. Velocity variations in salt marsh creeks, Norfolk, England[J]. Estuarine, Coastal and Shelf Science, 1981, 13(5): 535-545.

[51] Friedrichs C T. Tidal flat morphodynamics: A synthesis[M]//Wolanski E, McLusky D. Treatise on Estuarine and Coastal Science. Waltham: Academic Press, 2011:137-170.

[52] Shi B-W, Cooper J R, Pratolongo P D, et al. Erosion and Accretion on a Mudflat: The Importance of Very Shallow-Water Effects[J]. Journal of Geophysical Research-Oceans, 2017, 122(12): 9476-9499.

[53] Lesser R M. Some observations of the velocity profile near the sea floor[J]. Transactions of the American Geophysical Union, 1951, 32: 207-211.

[54] Wang Y-P, Gao S, Ke X-K. Observations of boundary layer patameters and suspended sediment transport over the intertidal flats of northern Jiangsu, China[J]. Acta Oceanologica Sinica, 2004, 23(3): 437-448.

[55] Sternberg R W, Aagaard K, Cacchione D, et al. Long-term near-bed observations of velocity and hydrographic properties in the northwest Barents Sea with implications for sediment transport[J]. Continental Shelf Research, 2001, 21(5): 509-529.

[56] Stips A, Prandke H, Neumann T. The structure and dynamics of the Bottom Boundary Layer in shallow sea areas without tidal influence: An experimental approach[J]. Progress in Oceanography, 1998, 41(4): 383-453.

[57] Wright L D, Sherwood C R, Sternberg R W. Field measurements of fairweather bottom boundary layer processes and sediment suspension on the Louisiana inner continental shelf[J]. Marine Geology, 1997, 140(3-4): 329-345.

[58] 汪亚平, 高抒, 李坤业. 用 ADCP 进行走航式悬沙浓度测量的初步研究[J]. 海洋与湖沼, 1999(6): 758-763.

[59] 王韫玮, 高抒. 强潮环境下悬沙对底部边界层的影响[J]. 海洋科学, 2010(1): 52-57.

[60] 尹小玲, 张红武, 刘欢. 珠江虎门河口洪季潮流近底边界层水流结构研究[J]. 水力发电学报, 2010(1): 158-163.

［61］ 时钟，杨世伦，缪莘. 海岸盐沼泥沙过程现场实验研究［J］. 泥沙研究，1998
(4)：30-37.

［62］ 黄河宁，王发君，宫成. 黑石礁湾潮流海底边界层现场调查与分析［J］. 海洋通
报，1990(4)：1-4.

［63］ Trowbridge J H，Agrawal Y C. Glimpses of a wave boundary layer［J］. Journal
of Geophysical Research：Oceans，1995，100(C10)：20729-20743.

［64］ Foster D L，Beach R A，Holman R A. Field observations of the wave bottom
boundary layer［J］. Journal of Geophysical Research：Oceans，2000，105(C8)：
19631-19647.

［65］ Wang Y P，Gao S，Jia J J. High-resolution data collection for analysis of
sediment dynamic processes associated with combined current-wave action over
intertidal flats［J］. Chinese Science Bulletin，2006，51(7)：866-877.

［66］ 刘欢，尹小玲，吴超羽，等. 珠江河口潮流底边界层的湍流特征量研究［J］. 水动
力学研究与进展：A辑，2009(2)：133-140.

［67］ 王爱军，汪亚平，高抒. 声学多普勒流速仪盲区数据处理及其在长江河口区的
应用［J］. 水利学报，2004(10)：77-82.

［68］ Shi B-W，Wang Y P，Yang Y，et al. Determination of critical shear stresses for
erosion and deposition based on in situ measurements of currents and waves over
an intertidal mudflat［J］. Journal of Coastal Research，2015，31(6)：1344-1356.

［69］ Fagherazzi S，Kirwan M L，Mudd S M，et al. Numerical models of salt marsh
evolution：Ecological，geomorphic，and climatic factors［J］. Reviews of
Geophysics，2012，50(1)：RG1002.

［70］ 朱大奎，柯贤坤，高抒. 江苏海岸潮滩沉积的研究［J］. 黄渤海海洋，1986(3)：
19-27.

［71］ 方国洪. 潮流垂直结构的基本特征——理论和观测的比较［J］. 海洋科学，1984
(3)：1-11.

［72］ Lueck R G，Lu Y Y. The logarithmic layer in a tidal channel［J］. Continental
Shelf Research，1997，17(14)：1785-1801.

［73］ Soulsby R L，Dyer K R. The form of the near-bed velocity profile in a tidally
accelerating flow［J］. Journal of Geophysical Research：Oceans，1981，86(C9)：
8067-8074.

［74］ Grant W D, Williams A J, Glenn S M. Bottom Stress Estimates and their Prediction on the Northern California Continental Shelf during CODE-1: The Importance of Wave-Current Interaction[J]. Journal of Physical Oceanography, 1984, 14(3): 506-527.

［75］ 徐俊杰, 何青, 王元叶. 底边界层水沙观测系统和应用[J]. 海洋工程, 2009(1): 55-61.

［76］ 李占海, 高抒, 柯贤坤, 等. 江苏大丰潮间带粉砂滩的潮流边界层特征[J]. 海洋通报, 2003(2):1-8.

［77］ 李家星, 赵振兴. 水力学（上册）[M]. 2版. 南京:河海大学出版社,2001.

［78］ You Z-J. Estimation of bed roughness from mean velocities measured at two levels near the seabed[J]. Continental Shelf Research, 2005, 25(9): 1043-1051.

［79］ Dyer K R. Coastal and Estuarine Sediment Dynamics[M]. New Jersey: John Wiley & Sons Inc. , 1986.

［80］ 柏秀芳, 龚德俊, 李思忍, 等. 根据流速剖面估计海底粗糙长度的研究[J]. 海洋学报(中文版), 2008(4): 176-180.

［81］ Collins M B, Ke X, Gao S. Tidally-induced Flow Structure Over Intertidal Flats [J]. Estuarine, Coastal and Shelf Science, 1998, 46(2): 233-250.

［82］ Grant W D, Madsen O S. The Continental-Shelf Bottom Boundary Layer[J]. Annual Review of Fluid Mechanics, 1986, 18(1): 265-305.

［83］ Soulsby R L. Chapter 5 The Bottom Boundary Layer of Shelf Seas[M]//Johns B. Physical Oceanography of Coastal and Shelf Seas. Amsterdam: 1983:189-266.

［84］ Brand A, Noss C, Dinkel C, et al. High-Resolution Measurements of Turbulent Flow Close to the Sediment-Water Interface Using a Bistatic Acoustic Profiler [J]. Journal of Atmospheric and Oceanic Technology, 2016, 33(4): 769-788.

［85］ 乔红杰, 张静怡, 徐小明. 长江口潮流摩阻流速和粗糙长度计算方法探讨[J]. 水文, 2010(4): 23-27+96.

［86］ You Z-J. Estimation of mean seabed roughness in a tidal channel with an extended log-fit method[J]. Continental Shelf Research, 2006, 26(3): 283-294.

［87］ Lefebvre A, Ernstsen V B, Winter C. Estimation of roughness lengths and flow separation over compound bedforms in a natural — tidal inlet[J]. Continental

Shelf Research，2013，61-62：98-111.

［88］ Janssen-Stelder B. The effect of different hydrodynamic conditions on the morphodynamics of a tidal mudflat in the Dutch Wadden Sea［J］. Continental Shelf Research，2000，20(12-13)：1461-1478.

［89］ Drake D E，Cacchione D A，Grant W D. Shear stress and bed roughness estimates for combined wave and current flows over a rippled bed［J］. Journal of Geophysical Research：Oceans，1992，97(C2)：2319-2326.

［90］ Shi B W，Yang S L，Wang Y P，et al. Relating accretion and erosion at an exposed tidal wetland to the bottom shear stress of combined current-wave action ［J］. Geomorphology，2012，138(1)：380-389.

［91］ Zhu Q，Yang S-L，Ma Y-X，et al. Intra-tidal sedimentary processes associated with combined wave-current action on an exposed，erosional mudflat，southeastern Yangtze River Delta，China［J］. Marine Geology，2014，347：95-106.

［92］ Salehi M，Strom K. Measurement of critical shear stress for mud mixtures in the San Jacinto estuary under different wave and current combinations［J］. Continental Shelf Research，2012，47：78-92.

［93］ Thompson C E L，Couceiro F，Fones G R，et al. In situ flume measurements of resuspension in the North Sea［J］. Estuarine，Coastal and Shelf Science，2011，94(1)：77-88.

［94］ You Z J. Fine sediment resuspension dynamics in a large semi-enclosed bay［J］. Ocean Engineering，2005，32(16)：1982-1993.

［95］ van Prooijen B C，Wang Z B. A one-dimensional model for short tidal basins-fine sediment dynamics［C］. The 11th International Conference on Cohesive Sediment Transport Processes，2011.

［96］ Green M O. Very small waves and associated sediment resuspension on an estuarine intertidal flat［J］. Estuarine，Coastal and Shelf Science，2011，93(4)：449-459.

［97］ 张存勇. 连云港近岸海域沉积物再悬浮及悬沙动力研究［D］.青岛：中国海洋大学，2011.

［98］ Rosales P，Ocampo-Torres F J，Osuna P，et al. Wave-current interaction in coastal waters: Effects on the bottom-shear stress [J]. Journal of Marine Systems, 2008, 71(1-2): 131-148.

[99] Grant W D, Madsen O S. Combined wave and current interaction with a rough bottom[J]. Journal of Geophysical Research: Oceans, 1979, 84(C4): 1797-1808.

[100] Drake D E, Cacchione D A. Wave-current interaction in the bottom boundary layer during storm and non-storm conditions: observations and model predictions [J]. Continental Shelf Research, 1992, 12(12): 1331-1352.

[101] Shi J Z, Wang Y. The vertical structure of combined wave-current flow[J]. Ocean Engineering, 2008, 35(1): 174-181.

[102] 杨奕翰, 杨秀芝. 波浪边界层厚度分析研究[J]. 天津大学学报, 1991(S2): 36-40.

[103] Mathisen P P, Madsen O S. Waves and currents over a fixed rippled bed: 2. Bottom and apparent roughness experienced by currents in the presence of waves [J]. Journal of Geophysical Research: Oceans, 1996, 101(C7): 16543-16550.

[104] Mathisen P P, Madsen O S. Waves and currents over a fixed rippled bed: 1. Bottom roughness experienced by waves in the presence and absence of currents [J]. Journal of Geophysical Research: Oceans, 1996, 101(C7): 16533-16542.

[105] 汪亚平, 高抒, 贾建军. 浪流联合作用下潮滩沉积动力过程的高分辨率数据采集与分析[J]. 科学通报, 2006(3): 339-348.

[106] Dalyander P S, Butman B, Sherwood C R, et al. Characterizing wave- and current- induced bottom shear stress: U. S. middle Atlantic continental shelf[J]. Continental Shelf Research, 2013, 52: 73-86.

[107] Liang B-C, Li H-J, Lee D-Y. Bottom Shear Stress Under Wave-Current Interaction[J]. Journal of Hydrodynamics, 2008(1): 88-95.

[108] You Z-J. A simple model for current velocity profiles in combined wave-current flows[J]. Coastal Engineering, 1994, 23(3-4): 289-304.

[109] You Z-J, Wilkinson D L, Nielsen P. Velocity distributions of waves and currents in the combined flow[J]. Coastal Engineering, 1991, 15(5-6): 525-543.

[110] French C E, French J R, Clifford N J, et al. Sedimentation-erosion dynamics of abandoned reclamations: the role of waves and tides [J]. Continental Shelf

Research，2000，20(12-13)：1711-1733.

[111] 杨艳静. 波浪作用下悬沙浓度分布的理论模式研究[D].天津：天津大学，2012.

[112] Fredsoe J. Turbulent boundary layer in wave-current motion[J]. Journal of Hydraulic Engineering，1984，110(8)：1103-1120.

[113] Christoffersen J B，Jonsson I G. Bed friction and dissipation in a combined current and wave motion[J]. Ocean Engineering，1985，12：387-423.

[114] Glenn S M，Grant W D. A suspended sediment stratification correction for combined wave and current flows[J]. Journal of Geophysical Research：Oceans，1987，92(C8)：8244-8264.

[115] Leonard L A，Wren P A，Beavers R L. Flow dynamics and sedimentation in Spartina alterniflora and Phragmites australis marshes of the Chesapeake Bay[J]. Wetlands，2002，22(2)：415-424.

[116] Friedrichs C T，Wright L D，Hepworth D A，et al. Bottom-boundary-layer processes associated with fine sediment accumulation in coastal seas and bays[J]. Continental Shelf Research，2000，20(7)：807-841.

[117] French J R，Spencer T. Dynamics of sedimentation in a tide-dominated backbarrier salt marsh, Norfolk, UK[J]. Marine Geology，1993，110(3-4)：315-331.

[118] Yang S L，Li P，Gao A，et al. Cyclical variability of suspended sediment concentration over a low-energy tidal flat in Jiaozhou Bay，China：Effect of shoaling on wave impact[J]. Geo-Marine Letters，2007，27(5)：345-353.

[119] Callaghan D P，Bouma T J，Klaassen P，et al. Hydrodynamic forcing on salt-marsh development：Distinguishing the relative importance of waves and tidal flows[J]. Estuarine，Coastal and Shelf Science，2010，89(1)：73-88.

[120] Wang Y-P，Gao S，Jia J-J. High-resolution data collection for analysis of sediment dynamic processes associated with combined current-wave action over intertidal flats[J]. Chinese Science Bulletin，2006，51(7)：866-877.

[121] Fagherazzi S，Wiberg P L. Importance of wind conditions, fetch, and water levels on wave-generated shear stresses in shallow intertidal basins[J]. Journal of Geophysical Research：Earth Surface，2009，114(F3)：F03022.

[122] Wiberg P L，Sherwood C R. Calculating wave-generated bottom orbital velocities

from surface-wave parameters[J]. Computers & Geosciences, 2008, 34(10): 1243-1262.

[123] Fagherazzi S, Carniello L, D'Alpaos L, et al. Critical bifurcation of shallow microtidal landforms in tidal flats and salt marshes[J]. Proceedings of the National Academy of Sciences of the United States of America, 2006, 103(22): 8337-8341.

[124] Shi B-W, Wang Y P, Wang L H, et al. Great differences in the critical erosion threshold between surface and subsurface sediments: A field investigation of an intertidal mudflat, Jiangsu, China[J]. Estuarine, Coastal and Shelf Science, 2016, 206: 76-86.

[125] Shi B W, Yang S L, Wang Y P, et al. Intratidal erosion and deposition rates inferred from field observations of hydrodynamic and sedimentary processes: A case study of a mudflat-saltmarsh transition at the Yangtze delta front[J]. Continental Shelf Research, 2014, 90(2014): 109-116.

[126] Torfs H, Jiang J, Mehta A J. Assessment of the erodibility of fine/coarse sediment mixtures[J]. Proceedings in Marine Science, 2000, 3: 109-123.

[127] Bale A J, Widdows J, Harris C B, et al. Measurements of the critical erosion threshold of surface sediments along the Tamar Estuary using a mini-annular flume[J]. Continental Shelf Research, 2006, 26(10): 1206-1216.

[128] Grant J, Daborn G. The effects of bioturbation on sediment transport on an intertidal mudflat[J]. Netherlands Journal of Sea Research, 1994, 32(1): 63-72.

[129] Amos C L, Daborn G R, Christian H A, et al. In situ erosion measurements on fine-grained sediments from the Bay of Fundy[J]. Marine Geology, 1992, 108(2): 175-196.

[130] Andersen T J, Fredsoe J, Pejrup M. In situ estimation of erosion and deposition thresholds by Acoustic Doppler Velocimeter (ADV)[J]. Estuarine, Coastal and Shelf Science, 2007, 75(3): 327-336.

[131] Whitehouse R J S, Soulsby R L, Roberts W, et al. Dynamics of estuarine muds—A manual for practical applications[M]. London: Thomas Telford, 2000.

[132] Lumborg U. Modelling the deposition, erosion, and flux of cohesive sediment through Øresund[J]. Journal of Marine Systems, 2005, 56(1-2): 179-193.

[133] Van Der Ham R, Winterwerp J C. Turbulent exchange of fine sediments in a tidal channel in the Ems/Dollard estuary. Part II. Analysis with a 1DV numerical model[J]. Continental Shelf Research, 2001, 21(15): 1629-1647.

[134] Xie W-M, He Q, Zhang K-Q, et al. Application of terrestrial laser scanner on tidal flat morphology at a typhoon event timescale[J]. Geomorphology, 2017, 292: 47-58.

[135] 陈景东, 汪亚平, 朱庆光, 等. 潮滩微地貌的声学观测与分析[J]. 南京大学学报(自然科学), 2014(5): 611-620.

[136] 张长宽. 江苏省近海海洋环境资源基本现状[M]. 北京: 海洋出版社, 2013.

[137] 张东生, 张君伦, 张长宽, 等. 潮流塑造——风暴破坏——潮流恢复——试释黄海海底辐射沙脊群形成演变的动力机制[J]. 中国科学: D辑, 1998(5): 394-402.

[138] 张忍顺. 江苏省淤泥质潮滩的潮流特征及悬移质沉积过程[J]. 海洋与湖沼, 1986(3): 235-245.

[139] 任美锷. 江苏省海岸带和海涂资源综合调查报告[M]. 北京: 海洋出版社, 1986.

[140] 高抒, 朱大奎. 江苏淤泥质海岸剖面的初步研究[J]. 南京大学学报(自然科学版), 1988(1): 75-84.

[141] Gao S. Modeling the preservation potential of tidal flat sedimentary records, Jiangsu coast, eastern China[J]. Continental Shelf Research, 2009, 29(16): 1927-1936.

[142] Gong Z, Jin C, Zhang C-K, et al. Temporal and spatial morphological variations along a cross-shore intertidal profile, Jiangsu, China[J]. Continental Shelf Research, 2017, 144:1-9.

[143] 张文祥, 杨世伦. OBS浊度标定与悬沙浓度误差分析[J]. 海洋技术, 2008(4): 5-8.

[144] 薛元忠, 何青, 王元叶. OBS浊度计测量泥沙浓度的方法与实践研究[J]. 泥沙研究, 2004(4): 56-60.

[145] Pieterse A, Puleo J A, McKenna T E. Hydrodynamics and sediment suspension

in shallow tidal channels intersecting a tidal flat[J]. Continental Shelf Research, 2016, 119: 40-55.

[146] 史本伟, 杨世伦, 罗向欣, 等. 淤泥质光滩-盐沼过渡带波浪衰减的观测研究——以长江口崇明东滩为例[J]. 海洋学报(中文版), 2010, 32(2): 174-178.

[147] Bricker J D, Monismith S G. Spectral wave-turbulence decomposition[J]. Journal of Atmospheric and Oceanic Technology, 2007, 24(8): 1479-1487.

[148] Benilov A Y, Filyushkin B N. Application of methods of linear filtration to an analysis of fluctuations in the surface layer of the sea[J]. Atmos. Oceanic Phys., 1970, 6: 810-819.

[149] Shaw W J, Trowbridge J H. The Direct Estimation of Near-Bottom Turbulent Fluxes in the Presence of Energetic Wave Motions[J]. Journal of Atmospheric & Oceanic Technology, 2001, 18(9): 1540-1557.

[150] Trowbridge J H. Notes and Correspondence on a Technique for Measurement of Turbulent Shear Stress in the Presence of Surface Waves[J]. Journal of Atmospheric & Oceanic Technology, 1998, 15: 290-298.

[151] MacVean L J, Lacy J R. Interactions between waves, sediment, and turbulence on a shallow estuarine mudflat[J]. Journal of Geophysical Research: Oceans, 2014, 119(3): 1534-1553.

[152] Zhu Q, van Prooijen B C, Wang Z B, et al. Bed shear stress estimation on an open intertidal flat using in situ measurements[J]. Estuarine, Coastal and Shelf Science, 2016, 182: 190-201.

[153] Madsen O S. Spectral Wave-Current Bottom Boundary Layer Flows[C]// 24th International Conference on Coastal Engineering. 1994.

[154] Friedrichs C T, Aubrey D G. Uniform Bottom Shear Stress and Equilibrium Hyposometry of Intertidal Flats[M]//Pattiaratchi C. Mixing in Estuaries and Coastal Seas. New Jersey: John Wiley & Sons Inc., 1996: 405-429.

[155] Gao S. Extremely Shallow Water Benthic Boundary Layer Processes and the Resultant Sedimentological and Morphological Characteristics [J]. Acta Sedimentologica Sinica, 2010, 28(5): 926-932.

[156] 王捷. 基于环形水槽的粘性细颗粒泥沙冲淤特性研究[D]. 南京: 河海大学, 2015.

［157］ 陈欣迪，冯骞，龚政，等. 一种可同时应用于实验室和潮滩现场的泥沙冲刷起动测量系统：CN106324215A［P］. 2017-01-11.

［158］ Chen X D，Zhang C K，Paterson D M，et al. Hindered erosion：The biological mediation of noncohesive sediment behavior［J］. Water Resources Research，2017，53(6)：4787-4801.

［159］ Amos C L，Droppo I G，Gomez E A，et al. The stability of a remediated bed in Hamilton Harbour，Lake Ontario，Canada［J］. Sedimentology，2003，50(1)：149-168.